알쏭달쏭
헷갈리는 띄어쓰기
엄마표
또또 어휘 2

알쏭달쏭 헷갈리는 띄어쓰기

엄마표 또또 어휘 2

초판 1쇄 발행일 2024년 9월 10일
초판 2쇄 발행일 2024년 9월 20일

지은이 권선홍
펴낸이 유성권

편집장 윤경선
편집 김효선 조아윤 홍보 윤소담 박채원 디자인 박정실
마케팅 김선우 강성 최성환 박혜민 심예찬 김현지
제작 장재균 물류 김성훈 강동훈

펴낸곳 ㈜이퍼블릭
출판등록 1970년 7월 28일, 제1-170호
주소 서울시 양천구 목동서로 211 범문빌딩 (07995)
대표전화 02-2653-5131 | 팩스 02-2653-2455
메일 loginbook@epublic.co.kr
포스트 post.naver.com/epubliclogin
홈페이지 www.loginbook.com
인스타그램 @book_login

로그인 은 ㈜이퍼블릭의 어학 · 자녀교육 · 실용 브랜드입니다.

알쏭달쏭

헷갈리는 띄어쓰기

엄마표 또또또 어휘 2

권선홍 지음

로그인

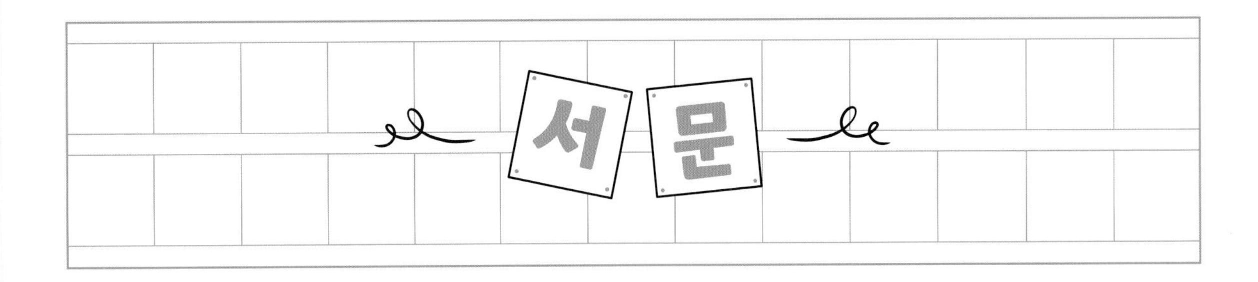

아이의 일기장이나 독서록을 보다가 띄어쓰기 때문에 한숨을 쉬어 본 적 있으신가요? 자녀에게 띄어쓰기를 알려 주고 싶지만 어디서부터 어떻게 가르쳐야 할지 몰라 난감하셨을 거예요. '어제친구랑 같이놀았다.' 같은 문장은 쉽게 고쳐 줄 수 있어요. 하지만 '친구가 잘난 체 했다.' 같은 문장은 부모님도 헷갈려 하는 경우가 많습니다. '잘난v체했다'가 맞는지 '잘난체v했다'가 맞는지 인터넷 검색을 통해 답을 찾기도 합니다. 글을 쓸 때 띄어쓰기가 헷갈리면 생각의 흐름이 끊어지는 것은 물론 글쓰기에 대한 자신감까지 떨어집니다. 이 책《엄마표 또또 어휘》2권은 한글 띄어쓰기를 잘하고 싶어 하는 아이, 이를 통해 글쓰기에 자신감을 갖고 싶어 하는 아이, 그리고 띄어쓰기를 정확하게 지도하려는 모든 분들을 위한 책입니다.

우리나라 학생들은 대부분 초등 1,2학년 때 받아쓰기를 하고 이후로는 맞춤법 교육을 거의 받지 못합니다. 그나마도 초등 1학년 받아쓰기를 거부하는 움직임으로 인해 맞춤법 교육을 실시하지 않는 학급이 늘어나고 있습니다. 중학교 교육 과정에 9품사를 익혀 띄어쓰기를 배우는 내용이 나오지만 많은 학생들이 생소한 문법 용어 때문에 학습을 포기하는 경우가 많습니다. 띄어쓰기 규칙 하나를 예로 들겠습니다.

'보조 용언 앞의 본용언이 2음절 합성 용언이거나 파생어인 경우 붙여 씀을 허용한다.'

'보조 용언, 본용언, 합성 용언, 파생어' 같은 용어부터 이해하기가 참 어렵습니다. 국어 문법 공부를 힘들어 하는 학생들의 마음이 이해됩니다. 하지만 띄어쓰기 규칙을 이해하기 위해서는 문법 용어를 알아야 합니다. 이렇게 어려운 문법 내용과 띄어쓰기 규칙을 어떻게 하면 학생들에게 잘 이해시킬 수 있을지 많은 고민과 연구를 하였습니다. 학생들이 띄어쓰기 규칙을 모르면 수많은 띄어쓰기 예제를 일일이 암기해야 하기 때문입니다.

이 책은 학생들이 9품사를 잘 모르더라도 띄어쓰기의 규칙을 이해하고 활용할 수 있도록 구성했습니다. 어려운 문법 용어는 단순한 표현으로 바꾸었고, 관련이 적은 문법 내용은 최대한 덜어냈습니다. 띄어쓰기 학습 내용을 재구성하는 과정에서 기존 용어를 조금 다르게 표현한 부분들도 있습니다.

첫째, 1장의 제목은 '체언의 띄어쓰기'로 하는 것이 맞지만 '명사의 띄어쓰기'로 바꿨습니다. 사자, 호랑이, 사슴을 묶어 동물이라고 부르는 것처럼 명사, 대명사, 수사를 합쳐 '체언'이라고 합니다. 하지만 명사를 제외한 대명사와 수사는 분량이 적기도 하거니와 의존 명사를 통해서도 학습할 수 있어서 '체언'이라는 용어 대신 학생들이 이해하기 쉬운 '명사'라는 단어를 사용했습니다.

둘째, 2장의 주제인 '용언'의 경우 '전설 속의 용처럼 모양을 바꾸는 단어'라고 설명했습니다. '용언'의 '용'자는 '활용하다'라는 의미이지만 학생들의 이해를 돕기 위해 전설 속 동물인 '용'과 관련지은 것입니다.

셋째, 부록에서 '관형사'를 소개하면서는 '갓 관'이라는 용어 대신 '왕관'이라는 표현을 사용했습니다. '관형사'라는 문법 용어가 만들어진 과거에는 '갓'이 일상에서 쓰이던 장식품이었지만 지금은 그렇지 않습니다. 요즘 학생들에게 '갓'은 장식품보다는 어르신들이 사용하던 옛날 물건이라는 이미지가 더 강합니다. '관'이라는 글자가 장례식에 쓰이는 '관'을 연상시키기도 하고요. 이런 이유로 '갓 관' 대신 '왕관'이라는 단어로 '관형사'를 설명했습니다.

넷째, 합성 명사와 합성 용언을 합쳐 합성어 ①과 합성어 ②로 소개했습니다. 틀린 표현은 아니지만 용어의 수를 줄이기 위해 상위 개념인 '합성어'로 통일했습니다.

바라건대, 이 책을 통해 우리 아이들이 한글 띄어쓰기에 대한 규칙을 쉽고 정확하게 익힐 수 있었으면 좋겠습니다. 기존의 설명 체계에는 없는 단어를 사용하고, 설명보다는 예시 자료를 많이 제공한 것도 아이들이 직관적으로 규칙을 이해할 수 있도록 하기 위함입니다. 궁극적으로 이 책《엄마표 또또 어휘》2권을 만난 학생들이 규칙을 정확하게 익혀 앞으로 다양한 글쓰기 상황에서 활용할 수 있게 되기를 바랍니다.

책을 쓰는 과정에서 인내심을 갖고 기다려 주신 로그인 출판팀, 갑작스런 질문에 당황해 하시면서도 기꺼이 도와주신 국어 선생님들께 감사드립니다. 이번 책에는 미로 활동이 없다고 아쉬워한 아들 유안, 아빠 교재로 진지하게 공부해 준 딸 지안, 그리고 남편 대신 묵묵히 집안일을 맡아 준 아내에게도 감사의 마음을 전합니다.

2024년 여름의 끝자락에서

권 선 홍

차례

1장 명사의 띄어쓰기

2장 용언의 띄어쓰기

3장 붙여쓰기

부록

이 책을 활용하는 법

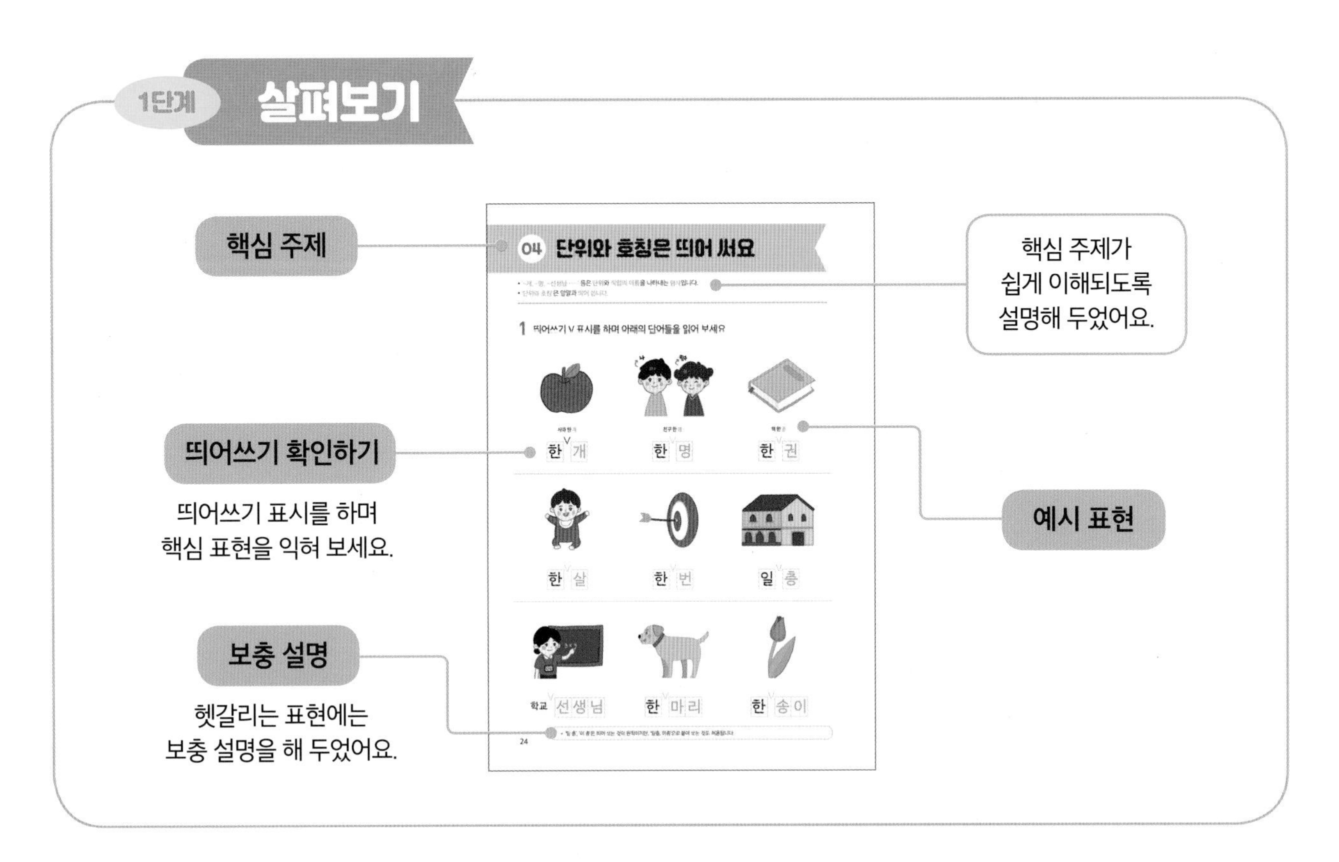
1단계 살펴보기
핵심 주제
04 단위와 호칭은 띄어 써요
1 띄어쓰기 V 표시를 하며 아래의 단어들을 읽어 보세요.
한 개
한 명
한 권
한 살
한 번
일 층
학교 선생님
한 마리
한 송이
핵심 주제가
쉽게 이해되도록
설명해 두었어요.
띄어쓰기 확인하기
띄어쓰기 표시를 하며
핵심 표현을 익혀 보세요.
예시 표현
보충 설명
헷갈리는 표현에는
보충 설명을 해 두었어요.

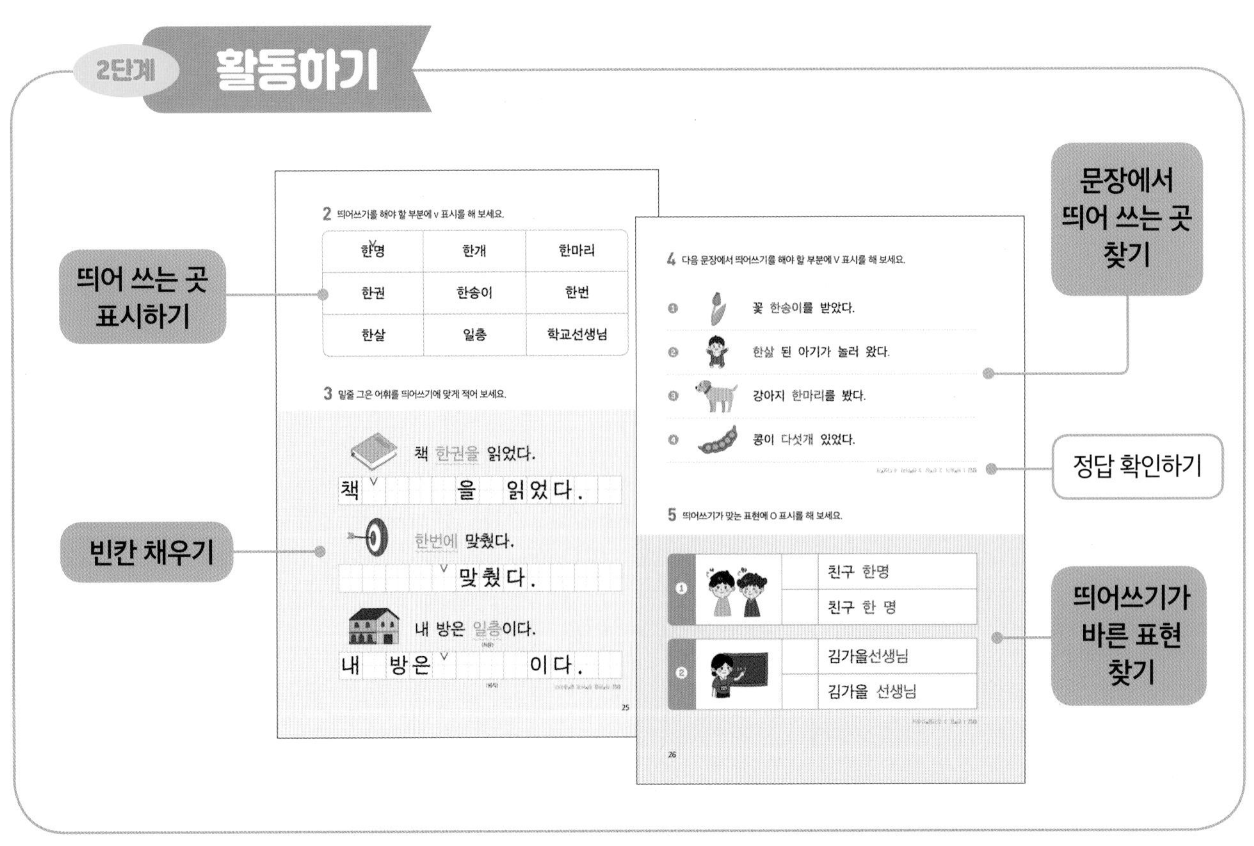
2단계 활동하기
띄어 쓰는 곳
표시하기
2 띄어쓰기를 해야 할 부분에 v 표시를 해 보세요.
한명
한개
한마리
한권
한송이
한번
한살
일층
학교선생님
3 밑줄 그은 어휘를 띄어쓰기에 맞게 적어 보세요.
책 한권을 읽었다.
한번에 맞췄다.
내 방은 일층이다.
빈칸 채우기
4 다음 문장에서 띄어쓰기를 해야 할 부분에 V 표시를 해 보세요.
꽃 한송이를 받았다.
한살 된 아기가 놀러 왔다.
강아지 한마리를 봤다.
콩이 다섯개 있었다.
5 띄어쓰기가 맞는 표현에 O 표시를 해 보세요.
친구 한명
친구 한 명
김가을선생님
김가을 선생님
문장에서
띄어 쓰는 곳
찾기
정답 확인하기
띄어쓰기가
바른 표현
찾기

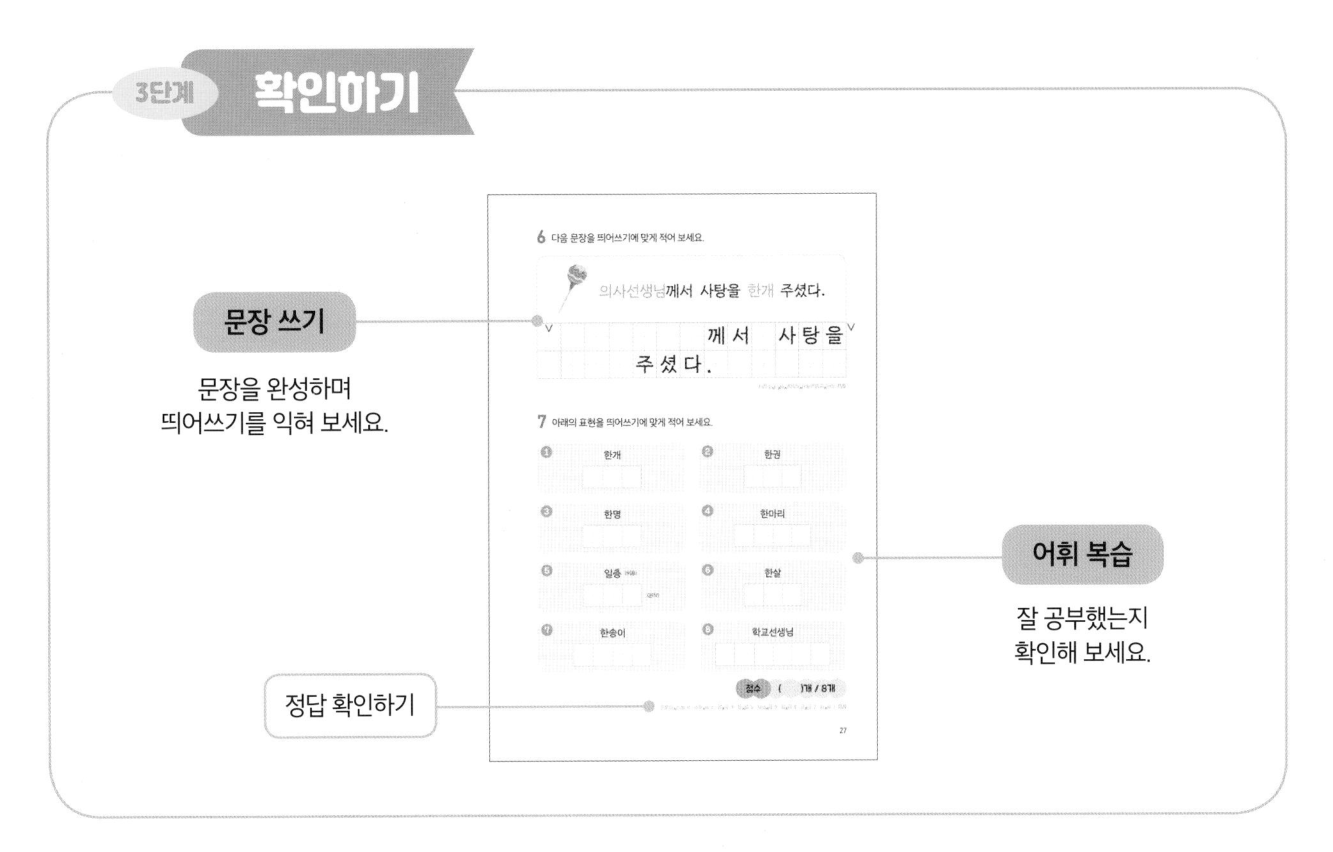

- '만큼, 밖'처럼 모양은 같지만 띄어쓰기가 다른 표현을 따로 정리해 두었어요.
- '명사, 용언' 같은 문법 용어를 이해하기 쉽도록 정리해 놓았어요.

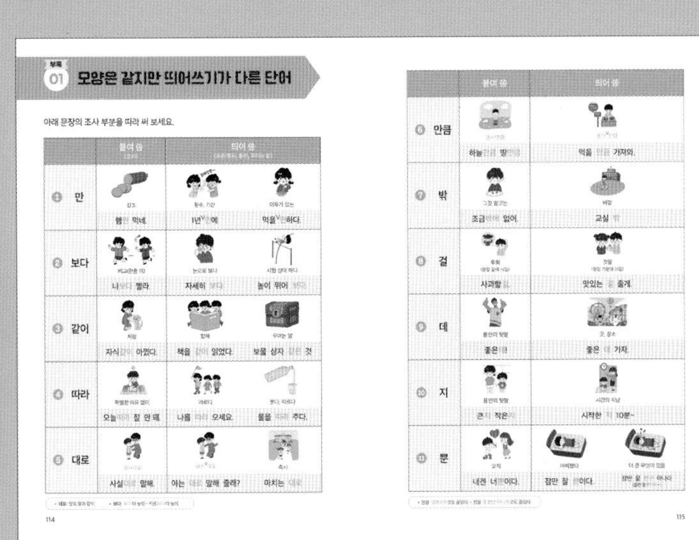

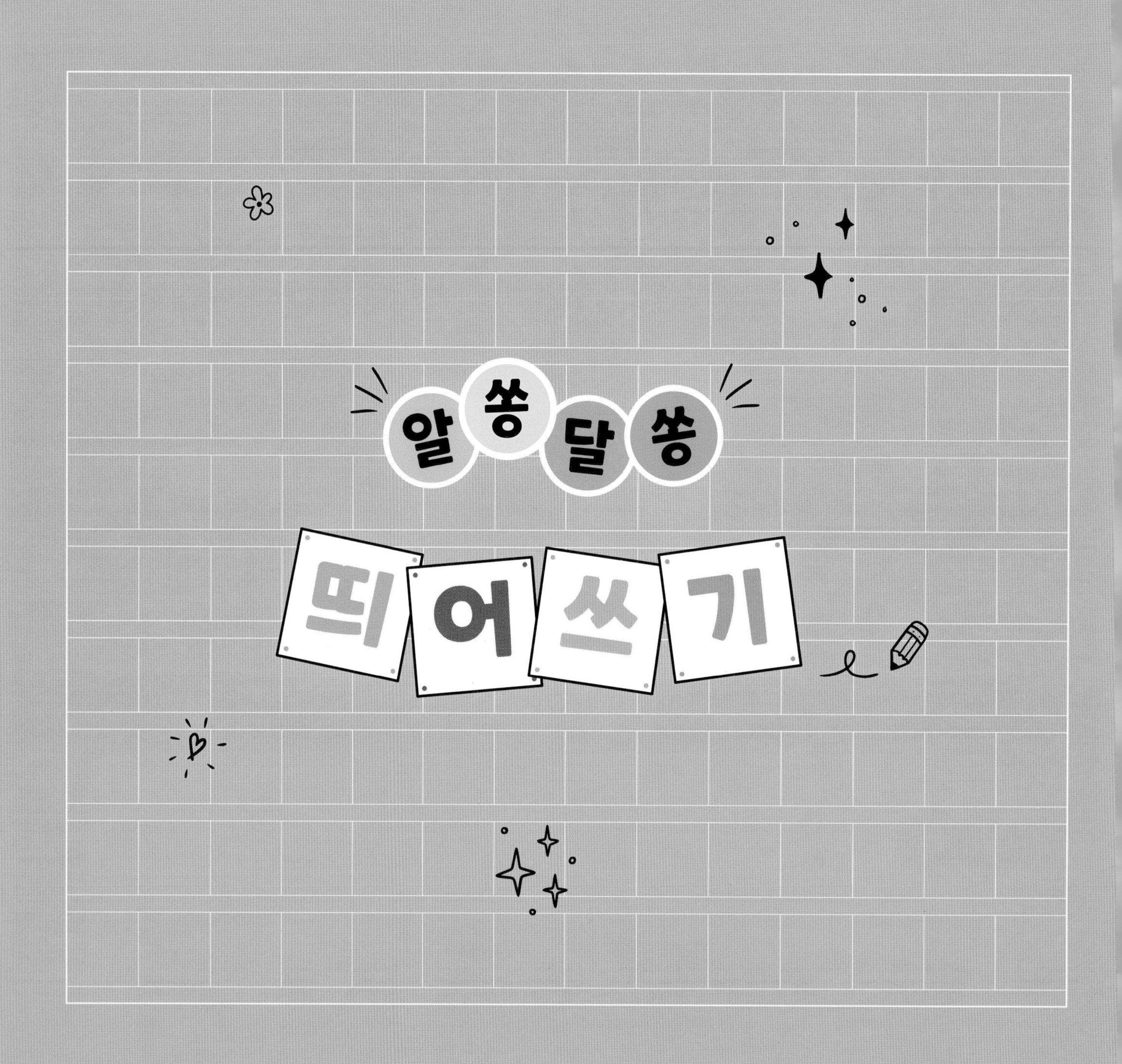
알쏭달쏭
띄어쓰기

1장
명사의 띄어쓰기

01 명사란 무엇일까요?

* 어떤 것의 이름을 나타내는 단어를 명사라고 합니다.
예 나무, 산, 하늘, 집, 축구, 김민준…….

1 명사의 의미를 생각하며 아래의 단어들을 읽어 보세요.

1 사람, 동물의 이름

김민준

엄마 아빠

강아지

2 물건, 장소의 이름

놀이터

공 인형

집

3 자연, 운동의 이름

여름

구름

축구

2 주어진 그림과 어울리는 명사를 선으로 연결해 보세요.

3 보기를 참고하여 그림에 어울리는 명사를 적어 보세요.

4 다음 문장에서 명사를 찾아 O 표시를 해 보세요.

1. 강아지는 귀엽다.
2. 민준아, 잘했어.
3. 축구를 했다.
4. 인형을 받았다.

정답: 1. 강아지 2. 민준 3. 축구 4. 인형

5 아래 설명에 어울리는 명사를 보기에서 찾아 적어 보세요.

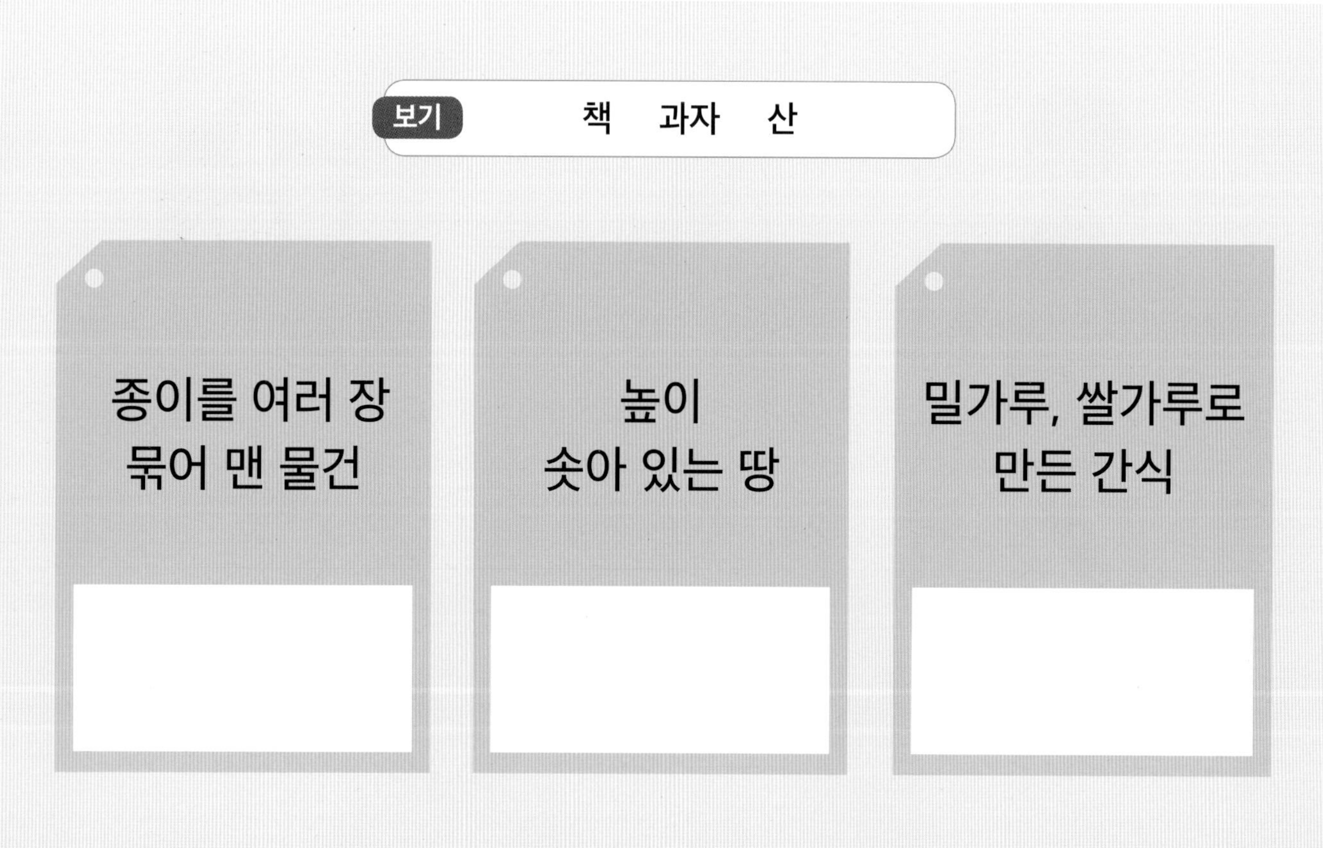

보기 책 과자 산

종이를 여러 장 묶어 맨 물건	높이 솟아 있는 땅	밀가루, 쌀가루로 만든 간식

6 빈칸에 알맞은 명사를 써 보세요.

보기 구름 축구 하늘 엄마 고양이 쥐 집 놀이터

1. 하얀 ____ 이 ____ 에 떠 있다.

2. ____ 가 ____ 를 무서워한다.

3. ____ 를 했다.

4. ____ 에서 신나게 놀았다.

5. ____ 의 칭찬을 받았다.

6. 여기가 우리 ____ 이야.

정답: 1. 구름, 하늘 2. 고양이, 쥐 3. 축구 4. 놀이터 5. 엄마 6. 집

02 명사는 서로 띄어 써요

* 명사는 서로 띄어 씁니다.
예 우리 v 가족, 가을 v 하늘, 아기 v 사자…….

1 띄어쓰기 V 표시를 하며 아래의 단어들을 읽어 보세요.

우리 V 가족

가을 V 하늘

아기 V 사자

공원 V 놀이터

코끼리 V 귀

가게 V 주인

여름 V 이불

해바라기 V 꽃

곰 V 인형

2 띄어쓰기를 해야 할 부분에 v 표시를 해 보세요.

아기∨사자	우리가족	가을하늘
코끼리귀	해바라기꽃	가게주인
공원놀이터	여름이불	곰인형

3 밑줄 그은 어휘를 띄어쓰기에 맞게 적어 보세요.

정답: 가게∨주인, 코끼리∨귀, 해바라기∨꽃

4 다음 문장에서 띄어쓰기를 해야 할 부분에 V 표시를 해 보세요.

❶  가을하늘에 구름이 떠 있다.

❷ 우리가족은 서로를 사랑한다.

❸ 곰인형을 찾았다.

❹  공원놀이터에서 놀았다.

정답: 1. 가을∨하늘 2. 우리∨가족 3. 곰∨인형 4. 공원∨놀이터

5 띄어쓰기가 맞는 표현에 O 표시를 해 보세요.

❶			아기사자
			아기 사자

❷			여름이불
			여름 이불

정답: 1. 아기∨사자 2. 여름∨이불

6 다음 문장을 띄어쓰기에 맞게 적어 보세요.

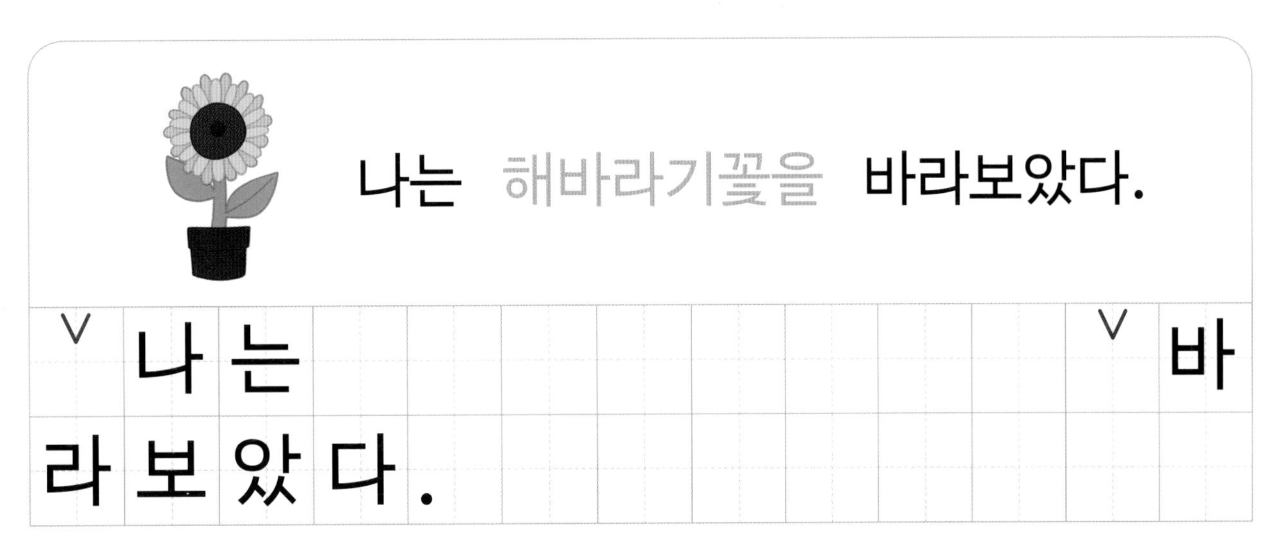

정답: 나는∨해바라기∨꽃을∨바라보았다.

7 아래의 표현을 띄어쓰기에 맞게 적어 보세요.

1. 아기사자
2. 우리가족
3. 코끼리귀
4. 가을하늘
5. 여름이불
6. 가게주인
7. 해바라기꽃
8. 공원놀이터

점수 ( )개 / 8개

정답: 1. 아기∨사자 2. 우리∨가족 3. 코끼리∨귀 4. 가을∨하늘 5. 여름∨이불 6. 가게∨주인 7. 해바라기∨꽃 8. 공원∨놀이터

03 한 글자 명사는 띄어 써요

* '앞, 뒤, 날, 때……' 등은 시간과 장소의 이름을 나타내는 한 글자 명사입니다.
* 한 글자 명사는 띄어 씁니다.

1 띄어쓰기 V 표시를 하며 아래의 단어들을 읽어 보세요.

집 V 뒤

식사 V 전

식사 V 후

책상 V 위

가방 V 속

추운 V 날

더울 V 때

2 띄어쓰기를 해야 할 부분에 V 표시를 해 보세요.

집∨앞	식사후	가방속
책상위	집뒤	더울때
교실밖	추운날	식사전

3 밑줄 그은 어휘를 띄어쓰기에 맞게 적어 보세요.

식사전에 손 씻기

					∨	손		씻	기		

교실밖에서 놀았다.

						∨	놀	았	다	.	

가방속에 있어.

					∨	있	어	.			

정답: 식사∨전에, 교실∨밖에서, 가방∨속에

4 다음 문장에서 띄어쓰기를 해야 할 부분에 V 표시를 해 보세요.

❶  식사후에 양치를 하세요.

❷ 집앞에서 기다릴게.

❸  책상위를 정리하세요.

❹  더울때는 에어컨을 켜세요.

정답: 1. 식사∨후에 2. 집∨앞에서 3. 책상∨위를 4. 더울∨때는

5 띄어쓰기가 맞는 표현에 O 표시를 해 보세요.

❶		추운 날에 입는 옷
		추운날에 입는 옷
❷		집 뒤에 숨었다.
		집뒤에 숨었다.

정답: 1. 추운∨날에 2. 집∨뒤에

6 다음 문장을 띄어쓰기에 맞게 적어 보세요.

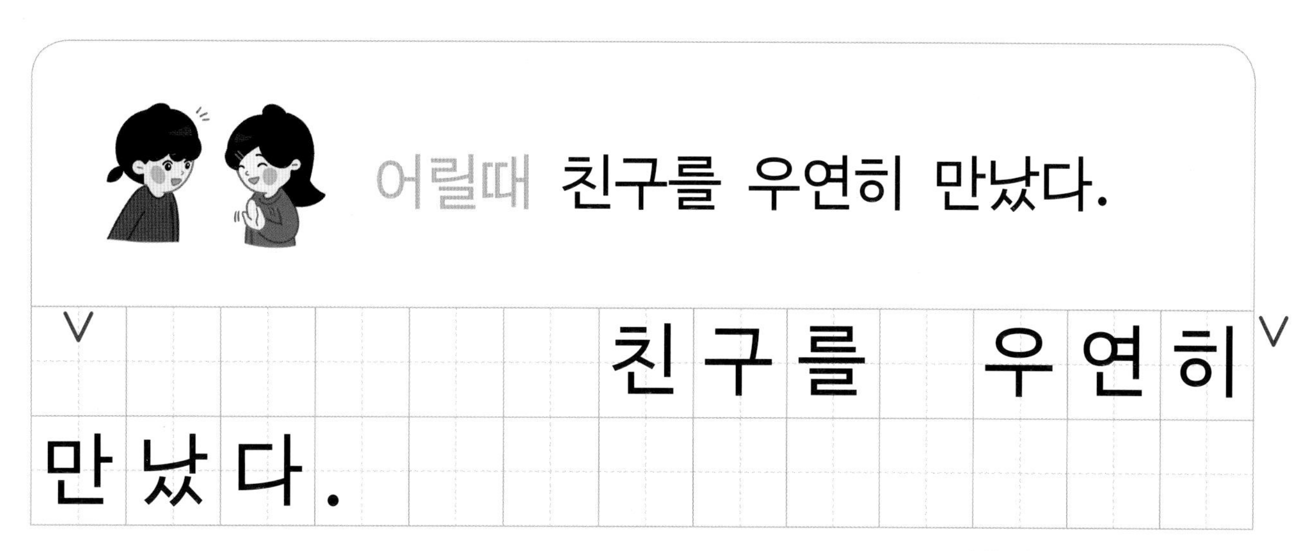

정답: 어릴∨때∨친구를∨우연히∨만났다.

7 아래의 표현을 띄어쓰기에 맞게 적어 보세요.

① 교실앞

② 식사전

③ 집앞

④ 식사후

⑤ 추운날

⑥ 가방속

⑦ 책상위

⑧ 어릴때

점수 (   )개 / 8개

정답: 1. 교실∨앞 2. 식사∨전 3. 집∨앞 4. 식사∨후 5. 추운∨날 6. 가방∨속 7. 책상∨위 8. 어릴∨때

04 단위와 호칭은 띄어 써요

* '~개, ~명, ~선생님……' 등은 단위와 직업의 이름을 나타내는 명사입니다.
* '단위와 호칭'은 앞말과 띄어 씁니다.

1 띄어쓰기 V 표시를 하며 아래의 단어들을 읽어 보세요.

사과 한 개

친구 한 명

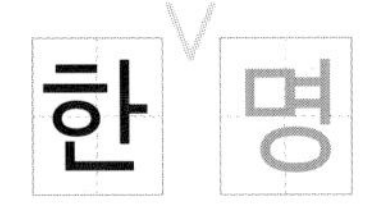

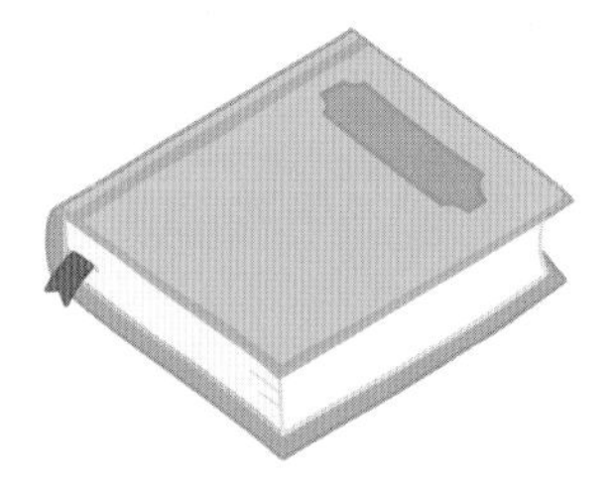

책 한 권

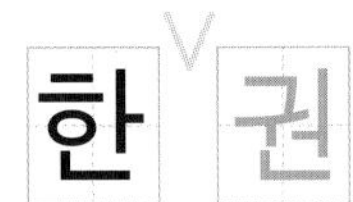

한 살

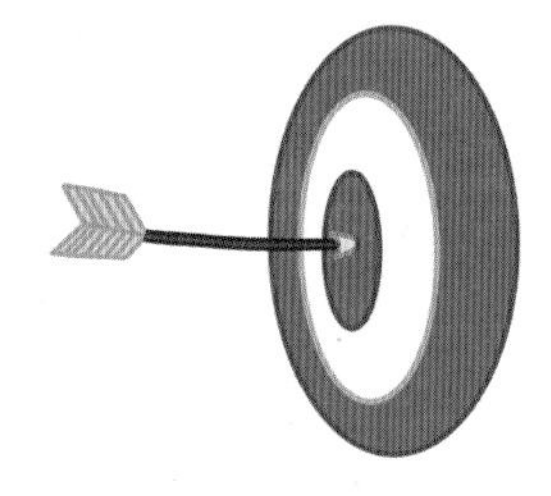

한 번

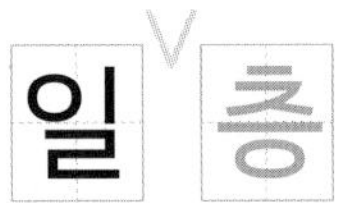

학교 선생님

한 마리

한 송이

* '일 층', '이 층'은 띄어 쓰는 것이 원칙이지만, '일층, 이층'으로 붙여 쓰는 것도 허용됩니다.

2 띄어쓰기를 해야 할 부분에 v 표시를 해 보세요.

한∨명	한개	한마리
한권	한송이	한번
한살	일층	학교선생님

3 밑줄 그은 어휘를 띄어쓰기에 맞게 적어 보세요.

책 한권을 읽었다.

책 ∨ 을 읽었다.

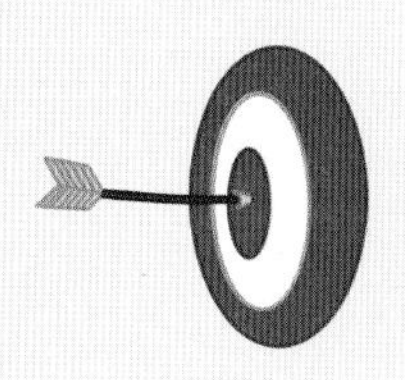

한번에 맞췄다.

에 ∨ 맞췄다.

내 방은 일층이다.

(허용)

내 방은 ∨ 이다.

(원칙)

정답: 한∨권을, 한∨번에, 일∨층이다.

4 다음 문장에서 띄어쓰기를 해야 할 부분에 V 표시를 해 보세요.

❶  꽃 한송이를 받았다.

❷  한살 된 아기가 놀러 왔다.

❸  강아지 한마리를 봤다.

❹ 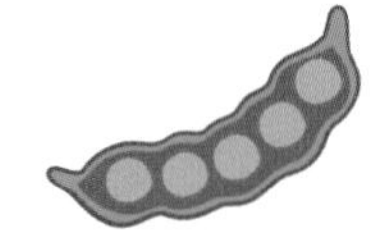 콩이 다섯개 있었다.

정답: 1. 한∨송이 2. 한∨살 3. 한∨마리 4. 다섯∨개

5 띄어쓰기가 맞는 표현에 O 표시를 해 보세요.

번호	그림	O 표시	표현
❶			친구 한명
			친구 한 명
❷			김가을선생님
			김가을 선생님

정답: 1. 한∨명 2. 김가을∨선생님

6 다음 문장을 띄어쓰기에 맞게 적어 보세요.

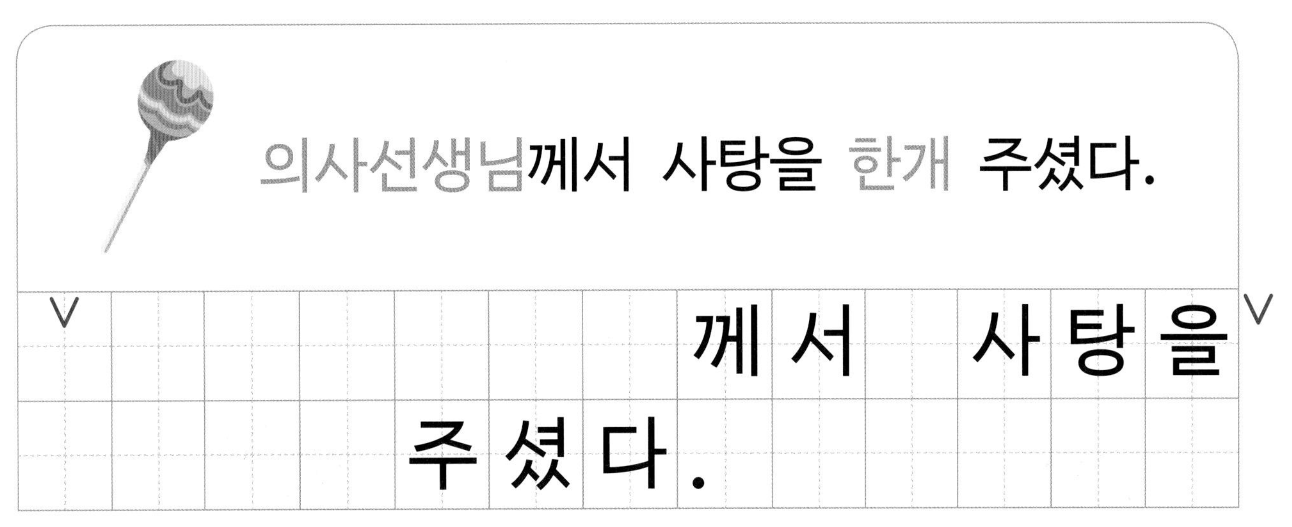

정답: 의사∨선생님께서∨사탕을∨한∨개∨주셨다.

7 아래의 표현을 띄어쓰기에 맞게 적어 보세요.

1. 한개
2. 한권
3. 한명
4. 한마리
5. 일층 (허용) (원칙)
6. 한살
7. 한송이
8. 학교선생님

점수 (   )개 / 8개

정답: 1. 한∨개 2. 한∨권 3. 한∨명 4. 한∨마리 5. 일∨층 6. 한∨살 7. 한∨송이 8. 학교∨선생님

05 의존 명사는 띄어 써요 ❶

* '것, 수, 줄, 리……' 등의 단어를 의존 명사라고 합니다.
* 의존 명사는 앞말에 의존해서 쓰이며, 앞말과 띄어 씁니다.

1 띄어쓰기 V 표시를 하며 아래의 표현들을 읽어 보세요.

먹을 V 것 V 있어?

것이야

내 V 거야!

남은 걸(것을) 들고 가자.

남은 V 걸

할 V 줄 V 아니?

탈 V 수 V 있니?

본 V 적 V 있어?

공부 V 중이야

그럴 V 리 V 없어

잠만 ~

잘 V 뿐이다

* '이다, 이야, 이니……' 등은 앞말에 붙여 쓰고, '있다, 있어, 있니……' 등은 띄어 씁니다.

2 띄어쓰기를 해야 할 부분에 v 표시를 해 보세요.

먹을것	내거야!	남은걸
할줄 아니?	공부중이야	탈수 있어?
그럴리	잠만 잘뿐	본적 있어?

3 밑줄 그은 어휘를 띄어쓰기에 맞게 적어 보세요.

이 인형 내거야!

이		인	형	v					!		

잠만 잘뿐이다.

잠	만	v				이	다	.			

그럴리 없어.

				v		없	어	.			

정답: 내∨거야, 잘∨뿐이다, 그럴∨리

4 다음 문장에서 띄어쓰기를 해야 할 부분에 V 표시를 해 보세요.

❶ 먹을것 있어?

❷ 남은걸 들고 가자.

❸  자전거 탈수 있니?

❹  판다 본적 있어?

정답: 1. 먹을∨것 2. 남은∨걸 3. 탈∨수 4. 본∨적

5 띄어쓰기가 맞는 표현에 O 표시를 해 보세요.

❶		할줄 아니?
		할 줄 아니?
❷		공부중이야.
		공부 중이야.

정답: 1. 할∨줄 2. 공부∨중

6 다음 문장을 띄어쓰기에 맞게 적어 보세요.

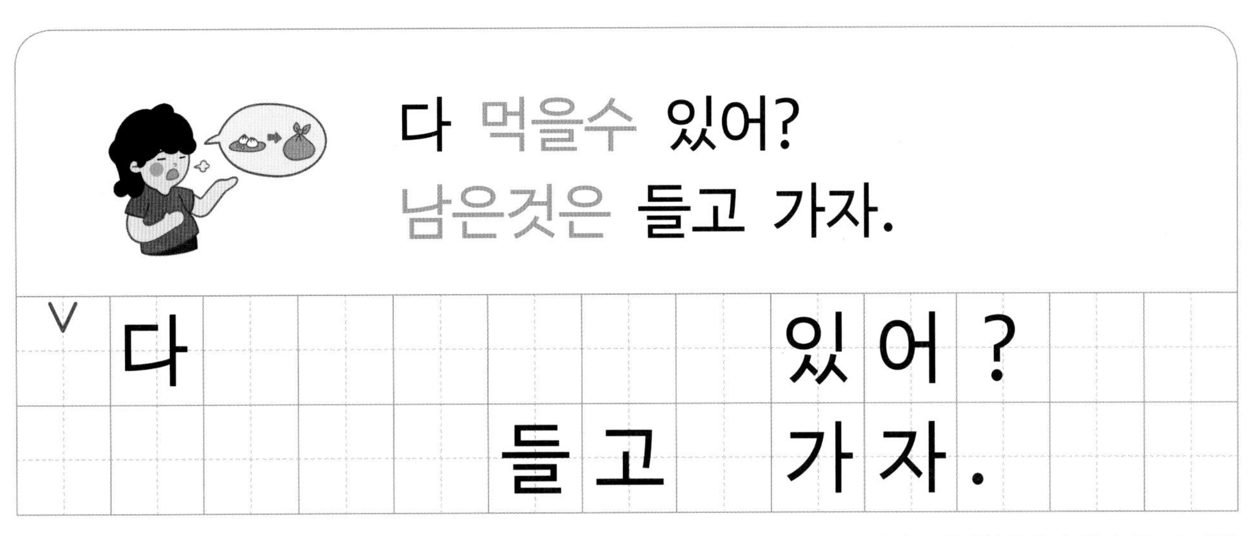

정답: 다∨먹을∨수∨있어?∨남은∨것은∨들고∨가자.

7 아래의 표현을 띄어쓰기에 맞게 적어 보세요.

① 탈수 있니?

② 잠만 잘뿐

잠만

③ 할줄 아니?

아니

④ 본적 있어?

있어

⑤ 내거야!

⑥ 자는중이야

이야

⑦ 먹을것 있어?

있어

⑧ 그럴리 없어

없어

점수 ( )개 / 8개

정답: 1. 탈∨수∨있니 2. 잠만∨잘∨뿐 3. 할∨줄∨아니 4. 본∨적∨있어 5. 내∨거야 6. 자는∨중이야 7. 먹을∨것∨있어 8. 그럴∨리∨없어

06 의존 명사는 띄어 써요 ❷

* '때문, 만큼, 텐데……' 등의 단어는 의존 명사입니다.
* 의존 명사는 홀로 쓰이지 못하며, 앞말과 띄어 씁니다.

1 띄어쓰기 V 표시를 하며 아래의 단어들을 읽어 보세요.

~10분 됐어.

시작한 V 지 | 아픈 V 데 V 먹는 | 먹을 V 뻔 하다

잘난 V 체 하다 | 아픈 V 척 하다 | 먹을 V 만 하다

안 V 될 V 텐데 | 비 V 때문에 | 먹을 V 만큼

* '하다, 하니, 했다, 했어……' 등은 명사 뒤에 붙여 써요. 예 공부하다, 사랑하다, 체하다, 척하다……

2 띄어쓰기를 해야 할 부분에 v 표시를 해 보세요.

아픈척하다	먹을뻔하다	먹을만하다
시작한지	잘난체하다	비때문에
먹을만큼	안 될텐데	아픈데

3 밑줄 그은 어휘를 띄어쓰기에 맞게 적어 보세요.

먹을만큼 가져와.

∨ 가 져 와 .

비때문에 젖었어.

∨ 젖 었 어 .

먹을뻔했어.

했 어 .

정답: 먹을∨만큼, 비∨때문에, 먹을∨뻔했어

4 다음 문장에서 띄어쓰기를 해야 할 부분에 V 표시를 해 보세요.

1.  아픈척했다.

2. 잘난체했다.

3.  음, 먹을만하다.

4.  안 될텐데.

정답: 1. 아픈∨척했다 2. 잘난∨체했다 3. 먹을∨만하다 4. 안∨될∨텐데

5 띄어쓰기가 맞는 표현에 O 표시를 해 보세요.

1			머리 아픈데 먹는 약
			머리 아픈 데 먹는 약
2			영화가 시작된 지 10분이 지났다.
			영화가 시작된지 10분이 지났다.

정답: 1. 머리∨아픈∨데 2. 시작된∨지

6 다음 문장을 띄어쓰기에 맞게 적어 보세요.

양말 냄새때문에 창문을 열었다.

∨	양	말									창	문
을		열	었	다	.							

정답: 양말˅냄새˅때문에˅창문을˅열었다.

7 아래의 표현을 띄어쓰기에 맞게 적어 보세요.

1. 안 될텐데
2. 잘난체했다
3. 비때문에
4. 먹을만큼
5. 착한척하다
6. 먹을만했다
7. 시작한지
8. 아픈데(아픈 부위)

점수 ( )개 / 8개

정답: 1. 안˅될˅텐데 2. 잘난˅체했다 3. 비˅때문에 4. 먹을˅만큼 5. 착한˅척하다 6. 먹을˅만했다 7. 시작한˅지 8. 아픈˅데

07 꾸며 주는 말은 띄어 써요

* '새, 헌, 옛, 이, 그, 저……' 등의 단어는 명사를 꾸며 주는 말입니다.
* 꾸며 주는 말은 앞말과 띄어 씁니다.

꾸미는 말		명사		
새	+	신발	=	새V신발
헌				헌V신발
옛				옛V신발

1 띄어쓰기 V 표시를 하며 아래의 단어들을 읽어 보세요.

새V차

헌V차

옛V차

이V집

저V집

그V집

여러V사람

어떤V사람

다른V사람

* 명사를 꾸며 주는 '새, 헌, 옛…… ' 같은 말을 '관형사'라고 해요.

2 보기를 참고하여 아래의 그림에 어울리는 말을 적어 보세요.

3 밑줄 그은 어휘를 띄어쓰기에 맞게 적어 보세요.

정답: 어떤∨사람이지?, 헌∨차가, 이∨집으로

4 다음 문장에서 띄어쓰기를 해야 할 부분에 V 표시를 해 보세요.

① 다른사람들은 어디에 있지?

② 여러사람들이 모였다.

③ 새차를 구입했다.

④ 저집이 우리 집이야.

정답: 1. 다른∨사람 2. 여러∨사람 3. 새∨차 4. 저∨집

5 띄어쓰기가 맞는 표현에 O 표시를 해 보세요.

①		그 집에는 마법사가 살아요.
		그집에는 마법사가 살아요.
②		헌 양말을 벗었다.
		헌양말을 벗었다.

정답: 1. 그∨집에는 2. 헌∨양말을

6 다음 문장을 띄어쓰기에 맞게 적어 보세요.

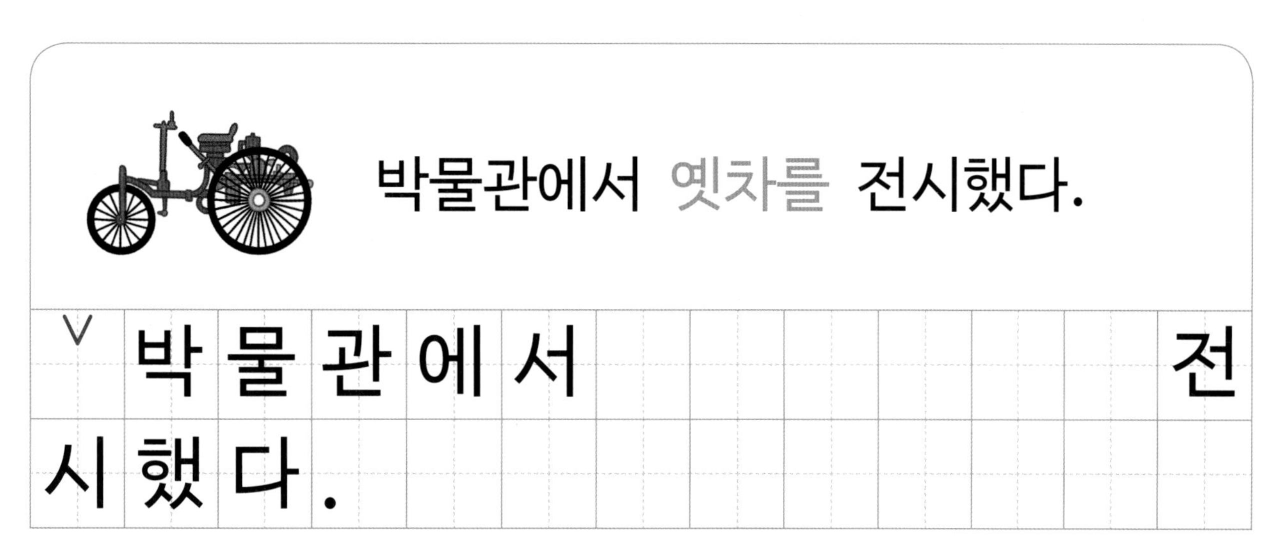

정답: 박물관에서^옛^차를^전시했다.

7 아래의 표현을 띄어쓰기에 맞게 적어 보세요.

1. 그집
2. 이집
3. 저집
4. 헌차
5. 새차
6. 여러사람
7. 어떤사람
8. 다른사람

점수 ( )개 / 8개

정답: 1. 그^집 2. 이^집 3. 저^집 4. 헌^차 5. 새^차 6. 여러^사람 7. 어떤^사람 8. 다른^사람

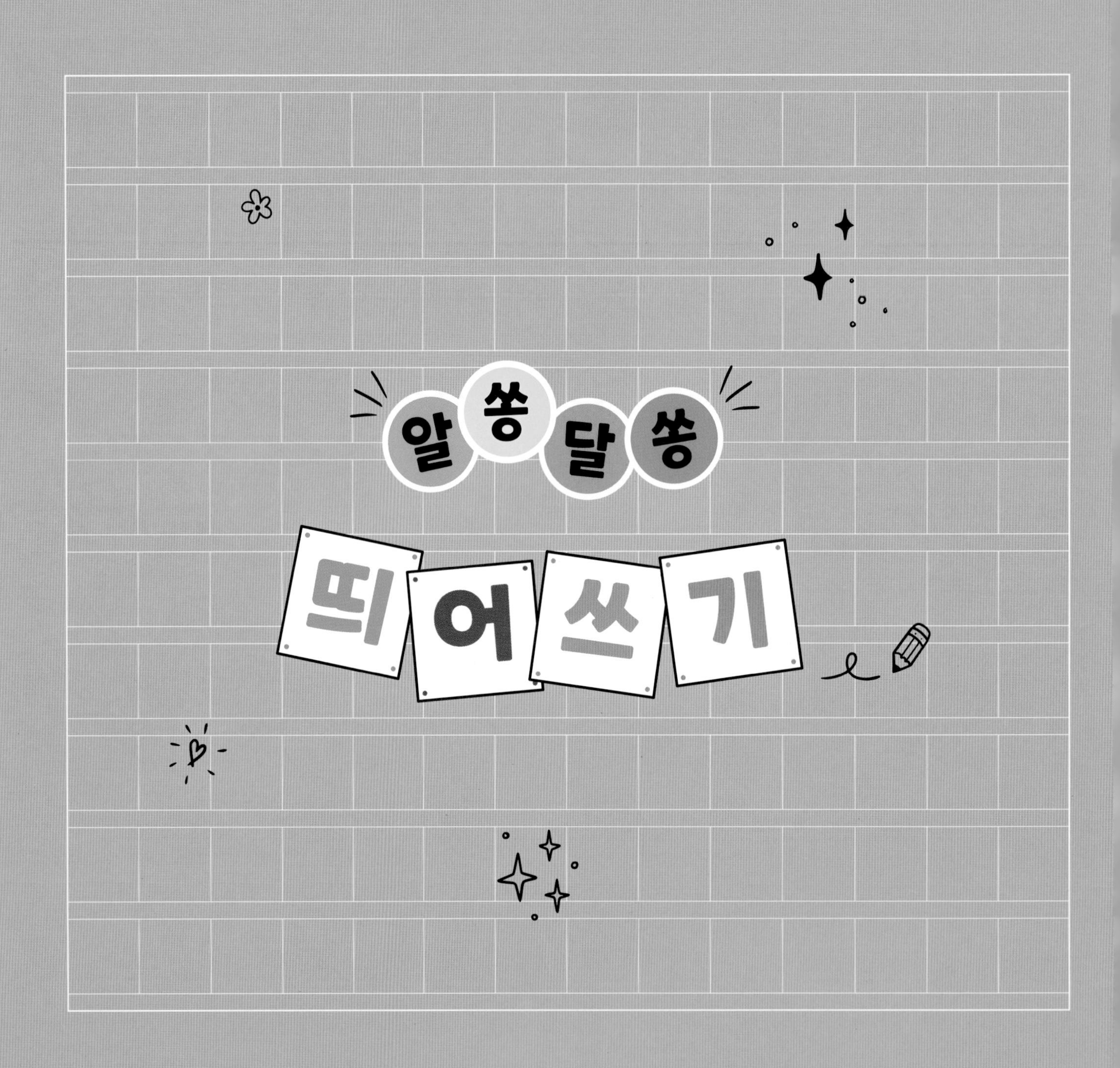
알쏭달쏭
띄어쓰기

2장 용언의 띄어쓰기

08 용언이란 무엇일까요?

* 용언은 용처럼 모양을 바꿀 수 있습니다.
* 용언은 앞말과 뒷말을 사용하여 모양을 바꿀 수 있어요.

1 앞말과 뒷말을 연결하여 단어의 모양을 바꿔 보세요.

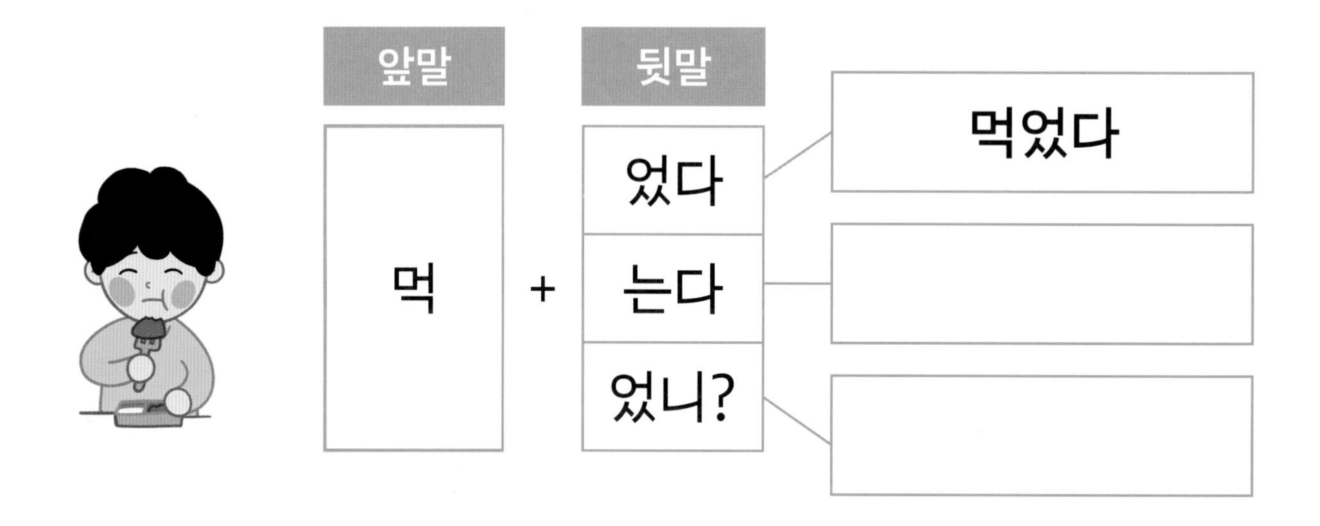

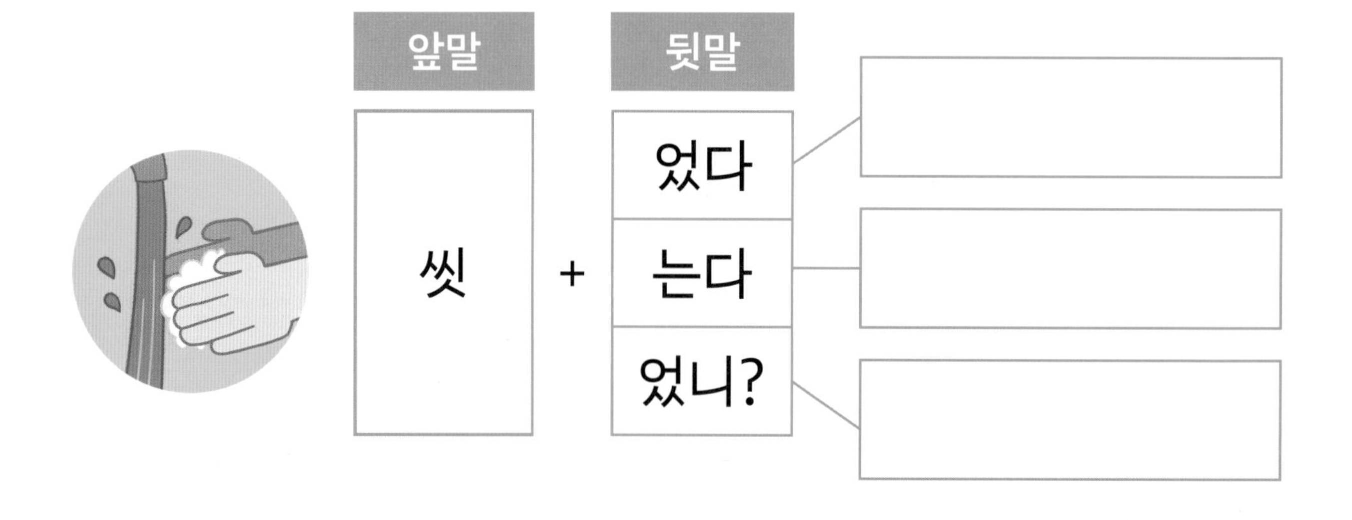

2 다음 용언들의 기본 모양과 바뀐 모양을 선으로 이어 보세요.

정답: 앉다-앉으려고, 뛰다-뛰자마자, 먹다-먹었다, 아름답다-아름다울뿐더러

3 아래 용언을 보기와 같이 앞말과 뒷말로 나누어 보세요.

정답: 씻는데, 씻고말고, 씻을걸, 먹자마자, 먹을수록, 먹을뿐더러

4 아래의 용언을 앞말과 뒷말로 나누어 적어 보세요.

5 아래의 용언을 앞말과 뒷말로 나누어 적어 보세요.

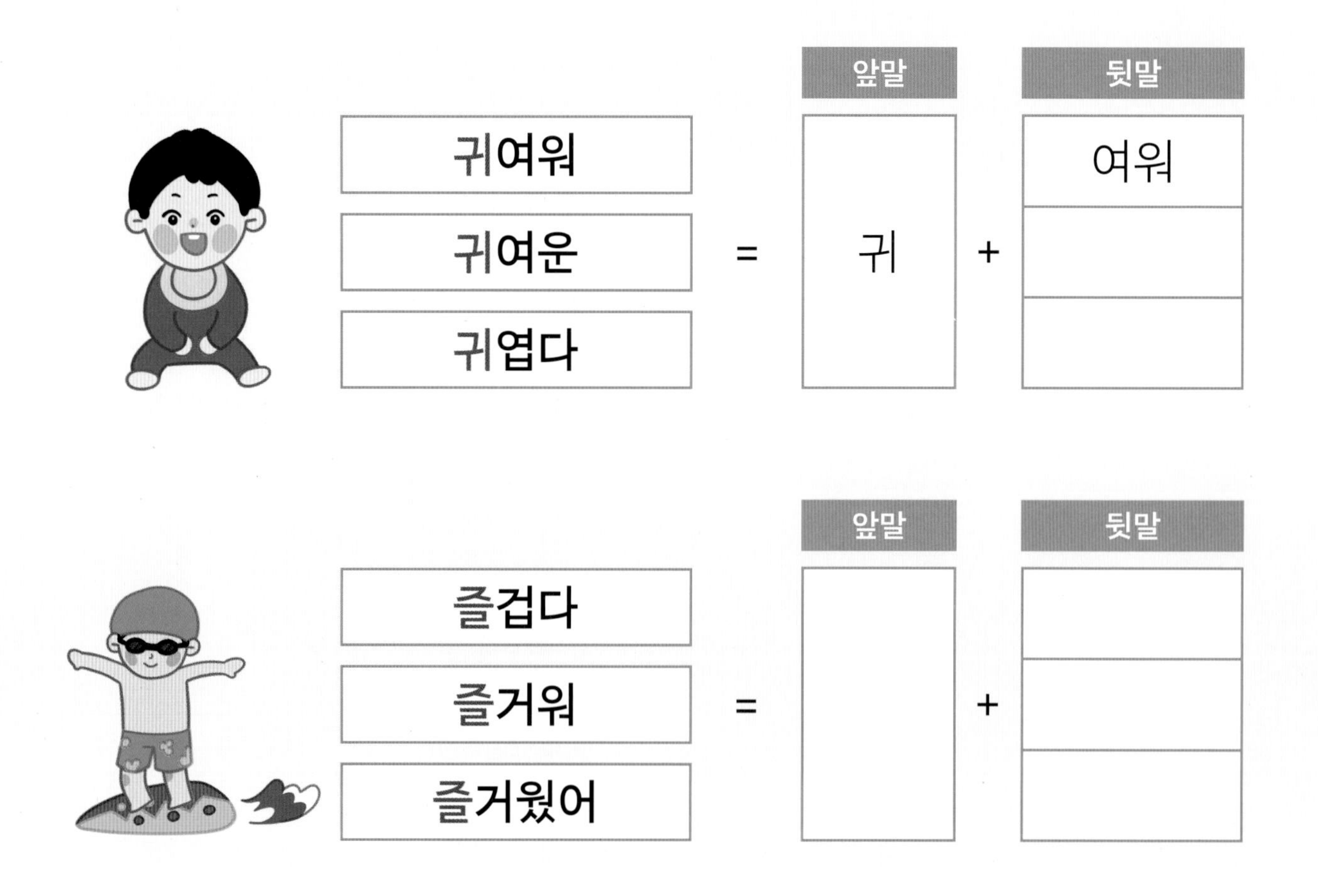

6 다음 문장을 띄어쓰기에 맞게 적어 보세요.

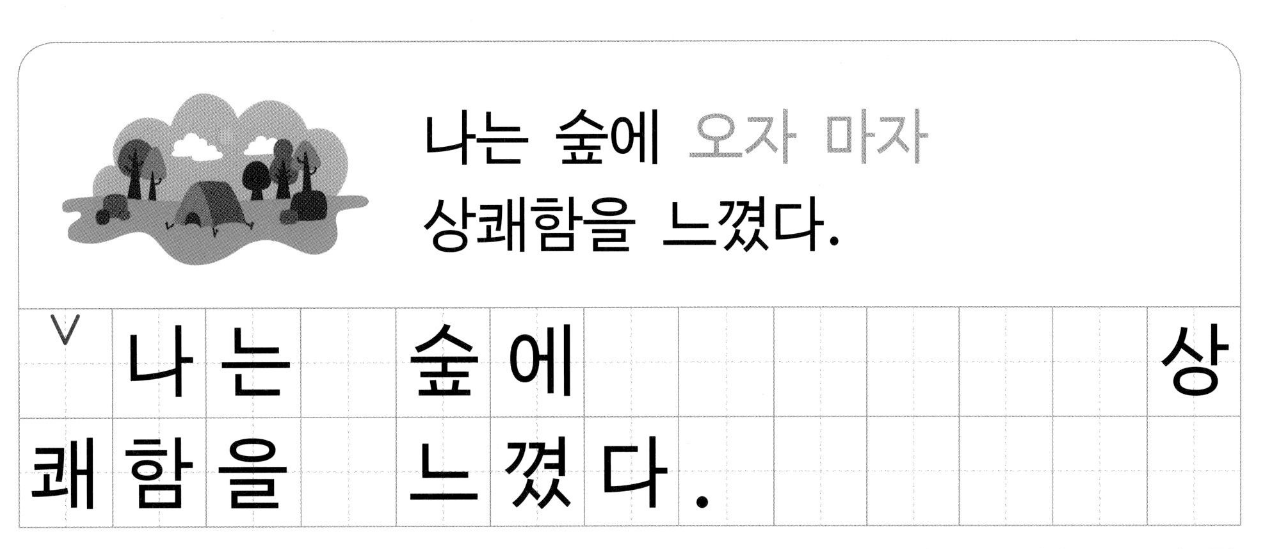

정답: 나는^숲에^오자마자^상쾌함을^느꼈다.

7 앞말과 뒷말을 활용하여 표현을 완성해 보세요.

점수 ( )개 / 8개

* 걸: '것을'의 줄임말 '걸'은 앞말과 띄움,
후회를 나타내는 '걸'은 앞말에 붙여 씀.

정답: 2. 먹고 3. 먹을수록 4. 먹자마자 5. 씻을뿐더러 6. 씻을걸 7. 씻을수록 8. 씻자마자

09 용언은 서로 띄어 써요

* 용언은 서로 띄어 씁니다.

예 먹고 잤다. (용언① 용언②) | 구워 먹었다. (용언① 용언②)

1 띄어쓰기 V 표시를 하며 아래의 단어들을 읽어 보세요.

먹다 + 자다

먹다 + 나가다

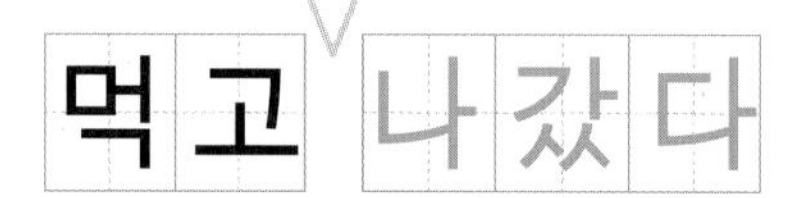

꺼내다 + 보다

꺼내 V 보았다

나누다 + 먹다

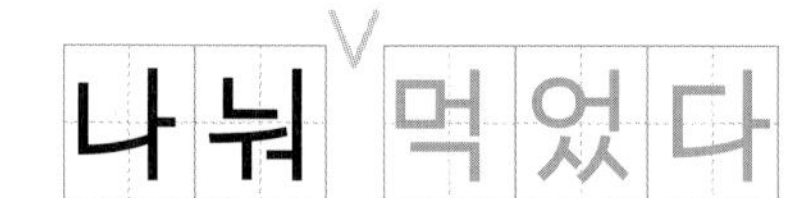

씹다 + 먹다

씹어 V 먹었다

굽다 + 먹다

구워 V 먹었다

담그다 + 두다

담가 V 두었다

만들다 + 먹다

만들어 V 먹다

쓰다 + 버리다

쓰고 V 버렸다

2 띄어쓰기를 해야 할 부분에 v 표시를 해 보세요.

먹고잤다	구워먹었다	나눠먹었다
담가두었다	먹고나갔다	씹어먹는다
만들어먹다	쓰고버렸다	꺼내보았다

3 밑줄 그은 어휘를 띄어쓰기에 맞게 적어 보세요.

피자를 나눠먹었다.

피	자	를	V							.	

물건을 쓰고버렸다.

물	건	을	V							.	

빨래를 담가두었다.

빨	래	를	V							.	

정답: 나눠∨먹었다, 쓰고∨버렸다, 담가∨두었다

4 다음 용언들의 기본 모양과 바뀐 모양을 선으로 이어 보세요.

정답: 1. 먹고 잤다 2. 먹고 나갔다 3. 만들어 팔았다 4. 씹어 먹었다

5 주어진 용언을 활용하여 문장을 완성해 보세요.

❶ 빨래를 담가(담그다) 두었다(두다)

❷ 빵을 ☐고(먹다) ☐갔다(나갔다)

❸ 떡볶이를 ☐☐어(만들다) ☐었다(먹다)

정답: 2. 먹고 나갔다 3. 만들어 먹었다

6 다음 문장을 띄어쓰기에 맞게 적어 보세요.

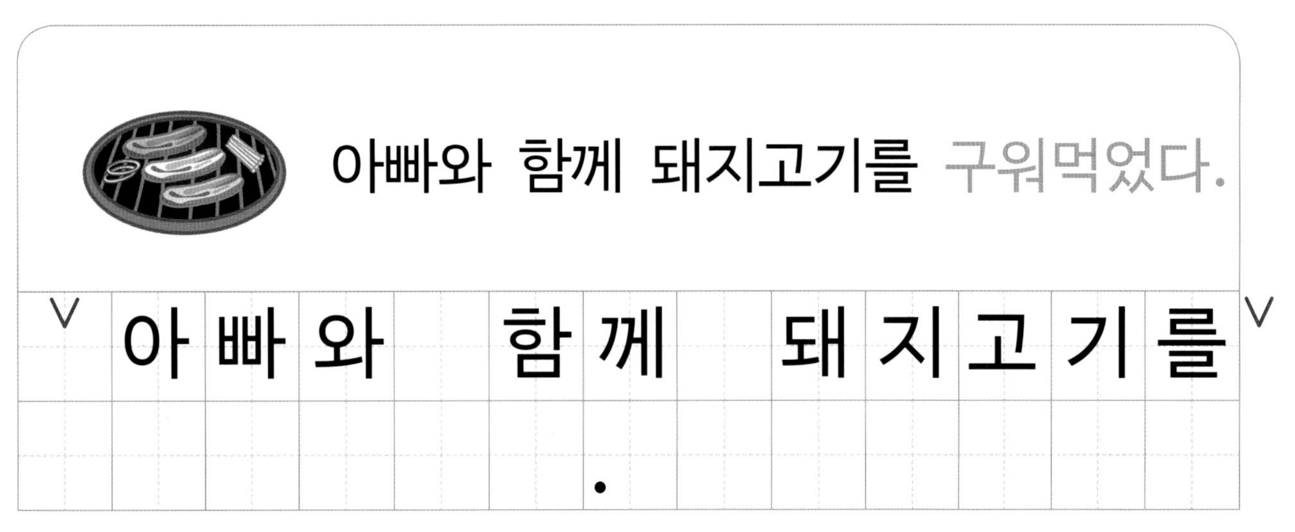

정답: 아빠와∨함께∨돼지고기를∨구워∨먹었다.

7 아래의 표현을 띄어쓰기에 맞게 적어 보세요.

1. 먹고잤다
2. 씹어먹었다
3. 쓰고버렸다
4. 꺼내보았다
5. 담가두었다
6. 구워먹었다
7. 먹고나갔다
8. 나눠먹었다

점수 ( )개 / 8개

정답: 1. 먹고∨잤다 2. 씹어∨먹었다 3. 쓰고∨버렸다 4. 꺼내∨보았다 5. 담가∨두었다 6. 구워∨먹었다 7. 먹고∨나갔다 8. 나눠∨먹었다

10 보조 용언은 띄어 써요

* 본래의 뜻을 잃어버린 용언을 보조 용언이라고 합니다.
  예 먹어 버렸다.('버렸다'라는 의미를 잃어버림)

1 띄어쓰기 V 표시를 하며 아래의 단어들을 읽어 보세요.

먹다 + 버리다

먹어 V 버렸다

나가다 + 버리다

나가 V 버렸다

숨다 + 버리다

숨어 V 버렸다

쓰다듬다 + 주다

쓰다듬어 V 주다

읽다 + 주다

읽어 V 주다

안다 + 주다

안아 V 주다

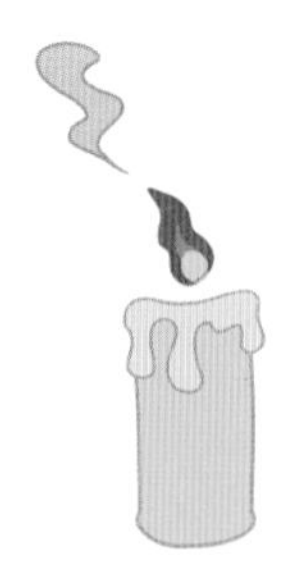

꺼지다 + 가다

꺼져 V 가다

그리다 + 보다

그려 V 보다

만들다 + 내다

만들어 V 내다

2 띄어쓰기를 해야 할 부분에 v 표시를 해 보세요.

안아주다	쓰다듬어주다	그려보다
읽어주다	숨어버렸다	꺼져가다
먹어버렸다	만들어내다	나가버렸다

3 다음 용언들의 기본 모양과 바뀐 모양을 선으로 이어 보세요.

정답: 1. 안아 주세요 2. 읽어 주세요 3. 나가 버렸다 4. 먹어 버렸다

4 아래의 표현들과 어울리는 그림을 선으로 연결해 보세요.

①	그려서 보았다.	
	그려 보았다.	
②	찢어서 버렸다.	
	찢어 버렸다.	
③	먹고 버렸다.	
	먹어 버렸다.	

정답: 1. X 2. X 3. =

5 주어진 용언들을 사용하여 문장을 완성해 보세요.

① 촛불이 꺼져(꺼지다) 간다(간다)

② 토끼가 [ ](숨다)어 [ ](버리다)렸다

③ 로봇을 [ ][ ](만들다)어 냈다(내다)

정답: 2. 토끼가 숨어 버렸다 3. 로봇을 만들어 냈다

6 다음 문장을 띄어쓰기에 맞게 적어 보세요.

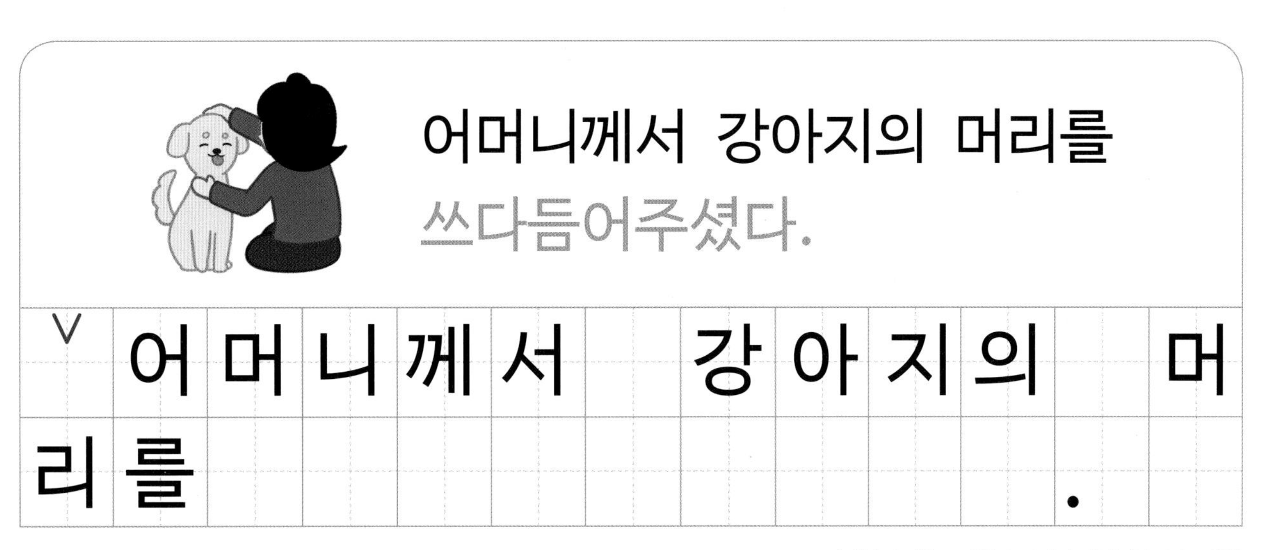

정답: 어머니께서^강아지의^머리를^쓰다듬어^주셨다.

7 보기를 참고하여 아래의 용언들을 기본 모양으로 바꿔 보세요.

보기 그리다 버리다 보다 가다 찢다 주다 읽다 안다

❶ 그려 보세요
그리다 + 보다

❷ 느껴 보았다
느끼다 +

❸ 그려 보았다
+ 보다

❹ 늙어 간다
늙다 +

❺ 찢어 버렸다
+ 버리다

❻ 읽어 주었다
+ 주다

❼ 먹어 버렸다
먹다 +

❽ 안아 주었다
+

점수 ( )개 / 8개

정답: 2. 보다 3. 그리다 4. 가다 5. 찢다 6. 읽다 7. 버리다 8. 안다, 주다

11 한 글자 용언은 띄어 써요

* '할, 갈, 칠……' 등의 용언은 '하다, 가다, 치다'의 줄임말입니다.
* 용언의 줄임말도 띄어 씁니다.

1 띄어쓰기 V 표시를 하며 아래의 문장들을 읽어 보세요.

쓰다 ⇨ 써

글씨를 V 써 V 보다

하다 ⇨ 해

도전을 V 해 V 보다

서다 ⇨ 서

무대에 V 서 V 보다

가다 ⇨ 가

우주에 V 가 V 보다

오다 ⇨ 와

한국에 V 와 V 보다

짜다 ⇨ 짤

짤 V 것 V 같아

치다 ⇨ 칠

기타 V 칠 V 줄 V 아니?

하다 ⇨ 할

수영을 V 할 V 수 V 있니?

가다 ⇨ 갈

여행 V 갈 V 수 V 있어?

* '하다' : '하다'는 명사에 붙여 쓸 수 있어요. 예 수영을V하다, 수영하다, 수영할 시간

2 띄어쓰기를 해야 할 부분에 v 표시를 해 보세요.

해보다	서보다	가보다
와보다	짤것 같아	칠줄 아니?
할수 있어?	갈수 있어?	써보다

3 밑줄 그은 어휘를 띄어쓰기에 맞게 적어 보세요.

기타 칠줄 아니?

기	타	∨				∨	아	니	?		

많이 짤것 같아.

많	이	∨				∨	같	아	.		

여행 갈수 있어?

여	행	∨				∨	있	어	?		

정답: 칠∨줄, 짤∨것, 갈∨수

4 다음 문장에서 띄어쓰기를 해야 할 부분에 V 표시를 해 보세요.

❶ 

패러글라이딩에 도전을 해봤다.

❷ 편지를 써봤다.

❸ 

수영을 할수 있니?

❹ 

우주에 가봤다.

정답: 1. 해∨봤다 2. 써∨봤다 3. 할∨수 4. 가∨봤다

5 용언의 기본 모양을 짧게 줄여 보세요.

	기본 모양	→	바뀐 모양
❶	오다 + 보다		와∨보다
❷	하다 + 보다		해∨보다
❸	서다 + 보다		
❹	가다 + 보다		
❺	쓰다 + 보다		

정답: 3. 서 보다 4. 가 보다 5. 써 보다

6 다음 문장을 띄어쓰기에 맞게 적어 보세요.

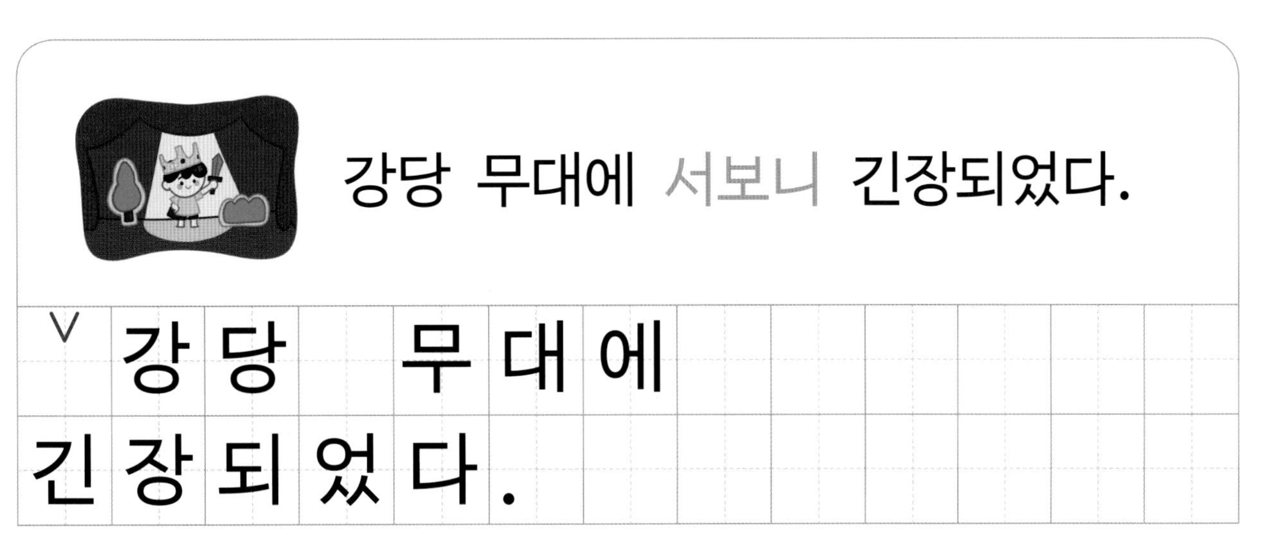

정답: 강당∨무대에∨서∨보니∨긴장되었다.

7 아래의 표현을 띄어쓰기에 맞게 적어 보세요.

1. 써보다
2. 해보다
3. 서보다
4. 가보다
5. 와보다
6. 짤것 같아
7. 칠줄 아니?
8. 할수 있어

점수 ( )개 / 8개

정답: 1. 써∨보다 2. 해∨보다 3. 서∨보다 4. 가∨보다 5. 와∨보다 6. 짤∨것∨같아 7. 칠∨줄∨아니 8. 할∨수∨있어

12 '있다, 없다, 싶다'는 띄어 써요

* '있다, 없다, 싶다'는 용언이라서 앞말과 띄어 씁니다.

1 띄어쓰기 V 표시를 하며 아래의 단어들을 읽어 보세요.

먹고 V 있다

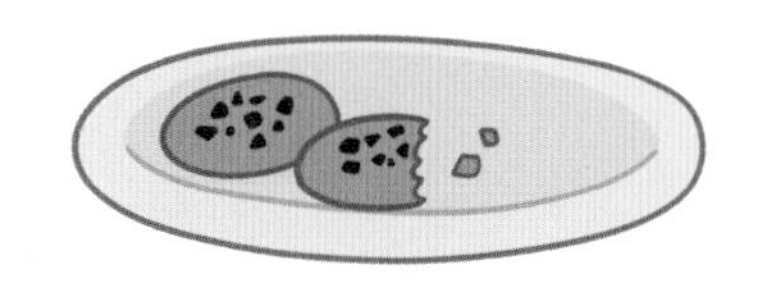

남아 V 있다

할 V 수 V 있어

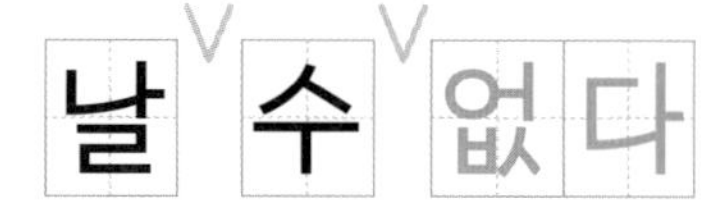

먹고 V 싶다

놀고 V 싶다

쉬고 V 싶다

2 띄어쓰기를 해야 할 부분에 v 표시를 해 보세요.

먹고있다	겁없는	할 수있다
날 수없다	놀고싶다	남아있다
쉬고싶다	관심없다	먹고싶다

3 밑줄 그은 어휘를 띄어쓰기에 맞게 적어 보세요.

하늘을 날 수없다.

하	늘	을	∨							.	

조금 쉬고싶다.

조	금	∨						.			

밖에서 놀고싶다.

밖	에	서	∨						.		

정답: 날∨수∨없다, 쉬고∨싶다, 놀고∨싶다

4 다음 문장에서 띄어쓰기를 해야 할 부분에 V 표시를 해 보세요.

1. 쿠키가 조금 남아있다.
2. 겁없는 강아지
3. 나는 관심없어.
4. 어서 먹고싶어.

정답: 1. 남아V있다 2. 겁V없는 3. 관심V없어 4. 먹고V싶어

5 띄어쓰기가 맞는 표현에 O 표시를 해 보세요.

1		채소를 먹고 있다.
		채소를 먹고있다.
2		난 할 수 있어!
		난 할 수있어!

정답: 1. 먹고V있다 2. 할V수V있어

6 다음 문장을 띄어쓰기에 맞게 적어 보세요.

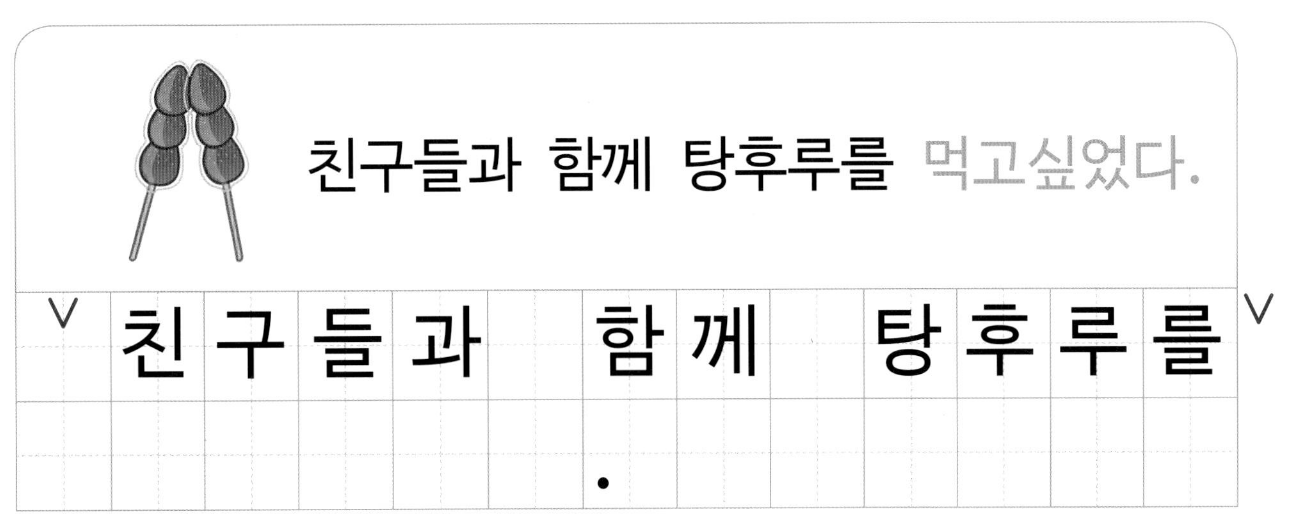

정답: 친구들과∨함께∨탕후루를∨먹고∨싶었다.

7 아래의 표현을 띄어쓰기에 맞게 적어 보세요.

❶ 먹고있다

❷ 남아있다

❸ 할수있어

❹ 겁없는

❺ 쉬고싶다

❻ 놀고싶다

❼ 날 수없다

❽ 관심없다

점수 (　　)개 / 8개

정답: 1. 먹고∨있다 2. 남아∨있다 3. 할∨수∨있어 4. 겁∨없는 5. 쉬고∨싶다 6. 놀고∨싶다 7. 날∨수∨없다 8. 관심∨없다

13 '잘, 안, 못' 띄어쓰기

* '잘, 안, 못'은 용언을 꾸며 주는 말입니다.
* '잘, 안, 못'은 띄어 쓸 때와 붙여 쓸 때의 의미가 다릅니다.

1 띄어쓰기 V 표시를 하며 아래의 표현들을 읽어 보세요.

잘 V 먹는다

자주 생긴다

여드름이 V 잘 V 생긴다

얼굴이 V 잘생겼다

실력이 부족하다.

요리를 V 잘 V 못하다

규칙을 어기다

잘못하다

실력이 뛰어나다

공부를 V 잘한다

집중이 V 안 V 됐다

불쌍하다

너무 V 안됐다

반장이 V 못 V 됐다

나쁜 성격

성격이 V 못됐다

하지 않다

숙제를 V 못 V 하다

실력이 부족하다

공부를 V 못하다

2 그림에 어울리는 표현에 O 표시를 해 보세요.

❶ 

잘하다
잘 하다

❷ 

잘 생겼다
잘생겼다

❸ 

안됐다
안 됐다

❹ 

못하다
못 하다

3 밑줄 그은 어휘를 띄어쓰기에 맞게 적어 보세요.

깜빡하고 숙제를 못했다.

숙	제	를	˅				.				

잘 못했어요. (반성)

					.						

요리를 잘못한다.

요	리	를	˅						.		

정답: 못˅했다, 잘못했어요, 잘˅못한다

4 다음 문장에서 띄어쓰기를 해야 할 부분에 V 표시를 해 보세요.

정답: 1. 잘∨먹는다 2. 못∨됐다 3. 안∨됐다 4. 잘∨생긴다

5 다음 단어들의 의미가 서로 어울리도록 선으로 연결해 보세요.

정답: 1. 불쌍하다 2. 성격이 나쁘다 3. 능력이 부족하다 4. 얼굴 모습이 보기 좋다

6 다음 문장을 띄어쓰기에 맞게 적어 보세요.

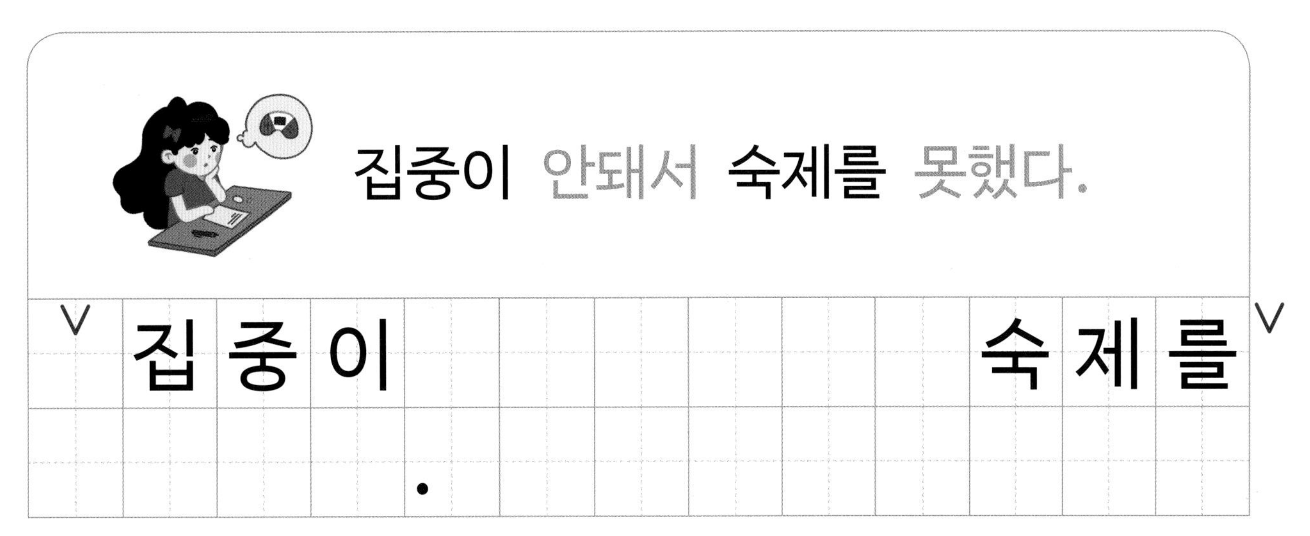

정답: 집중이∨안∨돼서∨숙제를∨못∨했다

7 아래의 표현을 띄어쓰기에 맞게 적어 보세요.

1. 여드름이 잘생긴다 — 잘 생 긴 다
2. 요리를 잘못하다
3. 성격이 못 됐다
4. 집중이 안됐다
5. 깜빡하고 숙제를 못했다
6. 잘 못했어요(반성)
7. 밥을 잘먹는다
8. 얼굴이 잘 생겼다

점수 (　　)개 / 8개

정답: 2. 잘∨못하다 3. 못됐다 4. 안∨됐다 5. 못∨했다 6. 잘못했어요 7. 잘∨먹는다 8. 잘생겼다

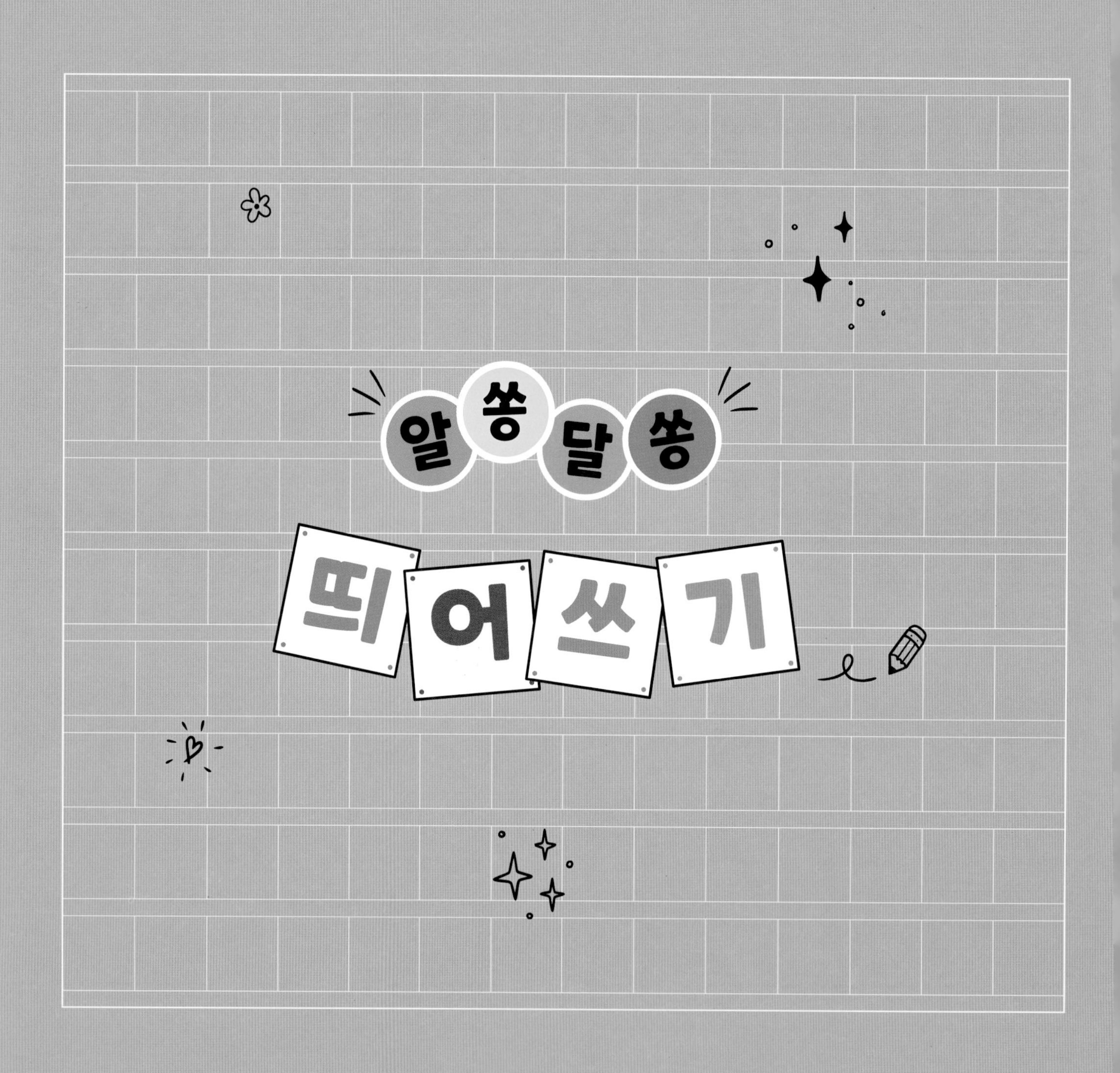

알쏭달쏭
띄어쓰기

3장

붙여쓰기

14 합성어는 붙여 써요 ❶

* 두 개의 단어가 합쳐져 하나로 된 단어를 합성어라고 합니다.
  예 밤낮, 눈사람, 은행나무, 소고기, 돼지고기.
* 사람들이 자주 쓰는 단어는 붙여 씁니다.

1 띄어쓰기 V, 붙여쓰기 ◠ 표시를 하며 아래의 단어들을 읽어 보세요.

2 아래 표의 합성어를 두 개의 단어로 구분해 보세요.

북극|여우	남자아이	감자튀김
막대사탕	어제저녁	밤하늘
사막여우	여자아이	마을버스

* 위의 단어들은 모두 합성어라서 붙여 써요.

3 밑줄 그은 어휘를 띄어쓰기에 맞게 적어 보세요.

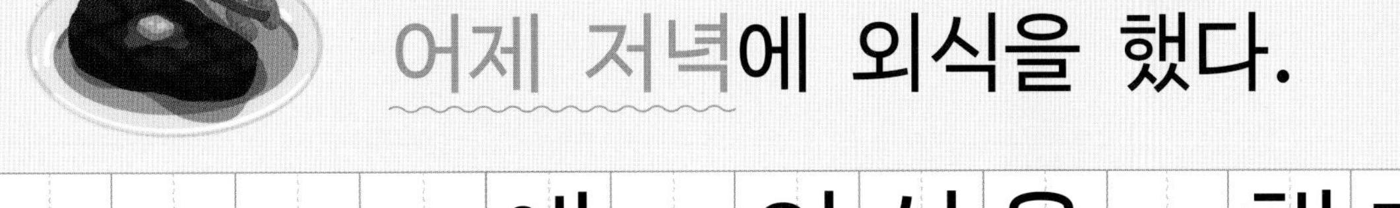

정답: 돌다리, 돼지고기, 어제저녁

4 다음 문장에서 합성어를 찾아 ◠ 표시를 해 보세요.

❶  북극 여우가 사막 여우를 만났다.

❷ 남자 아이와 여자 아이가 놀았다.

❸ 감자 튀김과 막대 사탕은 맛있다.

❹  어제 저녁에 밤 하늘을 보았다.

정답: 1. 북극여우, 사막여우 2. 남자아이, 여자아이 3. 감자튀김, 막대사탕 4. 어제저녁, 밤하늘

5 띄어쓰기가 맞는 표현에 O 표시를 해 보세요.

①		마을버스가 도착했다.
		마을 버스가 도착했다.
②		창밖을 봤다.
		창 밖을 봤다.

정답: 1. 마을버스 2. 창밖

6 다음 문장을 띄어쓰기에 맞게 적어 보세요.

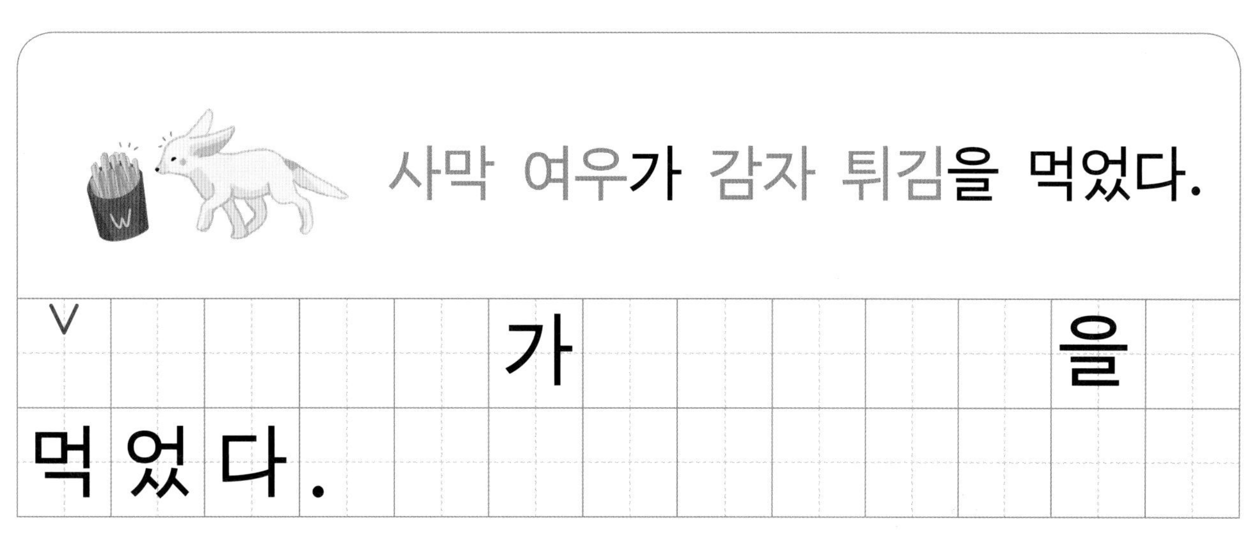

정답: 사막여우가∨감자튀김을∨먹었다.

7 아래의 표현을 띄어쓰기에 맞게 적어 보세요.

1. 여자 아이
2. 감자 튀김
3. 사막 여우
4. 밤 하늘
5. 어제 저녁
6. 돼지 고기
7. 마을 버스
8. 막대 사탕

점수 (　　)개 / 8개

정답: 1. 여자아이 2. 감자튀김 3. 사막여우 4. 밤하늘 5. 어제저녁 6. 돼지고기 7. 마을버스 8. 막대사탕

15 합성어는 붙여 써요 ❷

* 용언은 본래 띄어 쓰지만 합성어인 경우에는 붙여 씁니다.
  예 뛰어오르다, 갖다주다, 찾아오다
* 본래 띄어 쓰던 단어라도 사람들이 자주 붙여서 사용하면 붙여 쓰도록 허용합니다.

1 붙여쓰기 ⌒ 표시를 하며 아래의 단어들을 읽어 보세요.

찾다 + 내다

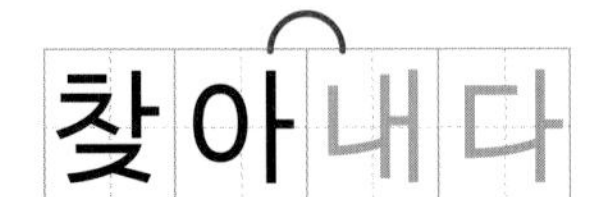

달리다 + 들다

뛰다 + 다니다

뛰어다니다

걷다 + 가다

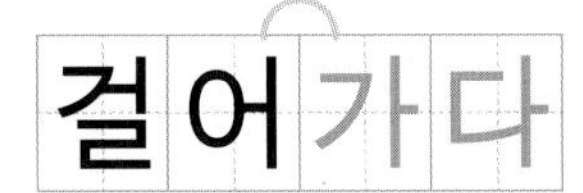

찾다 + 오다

찾아오셨다

가지다 + 주다

갖다주다

힘들다 + 하다

힘들어하다

반갑다 + 하다

반가워하다

조용하다 + 지다

조용해지다

* '-어하다(어지다), 워하다(워지다), 해하다(해지다)'는 앞말과 붙여 써요. | * 어떤 단어가 합성어인지 궁금할 때는 사전을 검색해 보세요.

2 아래의 표의 합성어를 두 개의 단어로 구분해 보세요.

힘들|어하다	갖다주다	걸어가다
찾아내다	찾아오다	조용해지다
반가워하다	뛰어다니다	달려들다

* 위의 단어들은 모두 합성어라서 붙여 써요.

3 밑줄 그은 어휘를 띄어쓰기에 맞게 적어 보세요.

집을 찾아 오셨다.

집	을	V						.			

갑자기 조용해 졌다.

갑	자	기	V						.		

강아지를 찾아 냈다.

강	아	지	를	V					.		

정답: 찾아오셨다, 조용해졌다, 찾아냈다

4 다음 문장에서 합성어를 찾아 ◠ 표시를 해 보세요.

❶ 피자를 갖다 주었다.

❷ 집까지 걸어 갔다.

❸ 동생이 힘들어 했다.

❹ 꿈이 이루어 졌다.

정답: 1. 갖다주었다 2. 걸어갔다 3. 힘들어했다 4. 이루어졌다

5 띄어쓰기가 맞는 표현에 O 표시를 해 보세요.

①			식당에서 뛰어다녔다.
			식당에서 뛰어 다녔다.
②			강아지가 달려 들었다.
			강아지가 달려들었다.

정답: 1. 뛰어다녔다 2. 달려들었다

6 다음 문장을 띄어쓰기에 맞게 적어 보세요.

오랜만에 친구를 만나 서로
반가워 했다.

∨	오	랜	만	에		친	구	를		만	나	
서	로							.				

정답: 오랜만에∨친구를∨만나∨서로∨반가워했다

7 아래의 표현을 띄어쓰기에 맞게 적어 보세요.

① 찾아 내다

② 갖다 주다

③ 찾아 오다

④ 뛰어 다니다

⑤ 걸어 갔다

⑥ 찾아 오셨다

⑦ 반가워 하다

⑧ 힘들어 하다

점수 (　　)개 / 8개

정답: 1. 찾아내다 2. 갖다주다 3. 찾아오다 4. 뛰어다니다 5. 걸어갔다 6. 찾아오셨다 7. 반가워하다 8. 힘들어하다

16 '아, 어'로 끝나는 용언

* '아, 어'로 끝나는 용언은 보조 용언과 붙여 쓸 수 있어요.

예 꽂아 v 두다.(원칙)　　먹어 v 보다.(원칙)
　꽂아두다.　(허용)　　먹어보다.　(허용)

* **보조 용언**: 본래의 뜻을 잃어버린 용언

1 띄어쓰기 V, 붙여쓰기 ◠ 표시를 하며 아래의 단어들을 따라 읽어 보세요.

원칙	허용
꽂아 V 두다	꽂아◠두다

원칙	허용
읽어 V 주셨다	읽어◠주셨다

원칙	허용
안아 V 보다	안아◠보다

원칙	허용
열어 V 놓다	열어◠놓다

원칙	허용
써(쓰어) V 보다	써◠보다

원칙	허용
그려(그리어) V 보다	그려◠보다

* **원칙**: 제일 먼저 지켜야 할 규칙 | * **허용**: 원칙에 어긋나지만 사용하도록 허락해 준 규칙

2 아래의 표현에서 '아, 어' 글자를 찾아 O 표시를 해 보세요.

꽂(아)두다	찾아보다	열어놓다
안아보다	찾아놓다	알아두다
앉아보다	울어버리다	읽어주셨다

3 띄어 쓴 어휘들을 오른쪽 빈 칸에 붙여 써 보세요.

	원칙		허용
❶	먹어∨보다		먹어보다
❷	읽어∨주다		읽어주다
❸	안아∨보다	→	
❹	꽂아∨두다		
❺	열어∨놓다		

정답: 안아보다, 꽂아두다, 열어놓다

4 보기를 참고하여 아래 어휘들의 줄임말을 써 보세요.

보기 그려 놓쳐 가 보여 누워 써

그리어	쓰어	보이어
그려		

누우어	놓치어	가아

정답: 써, 보여, 누워, 놓쳐, 가

5 왼쪽의 띄어 쓴 어휘들을 오른쪽과 같이 붙여 써 보세요.

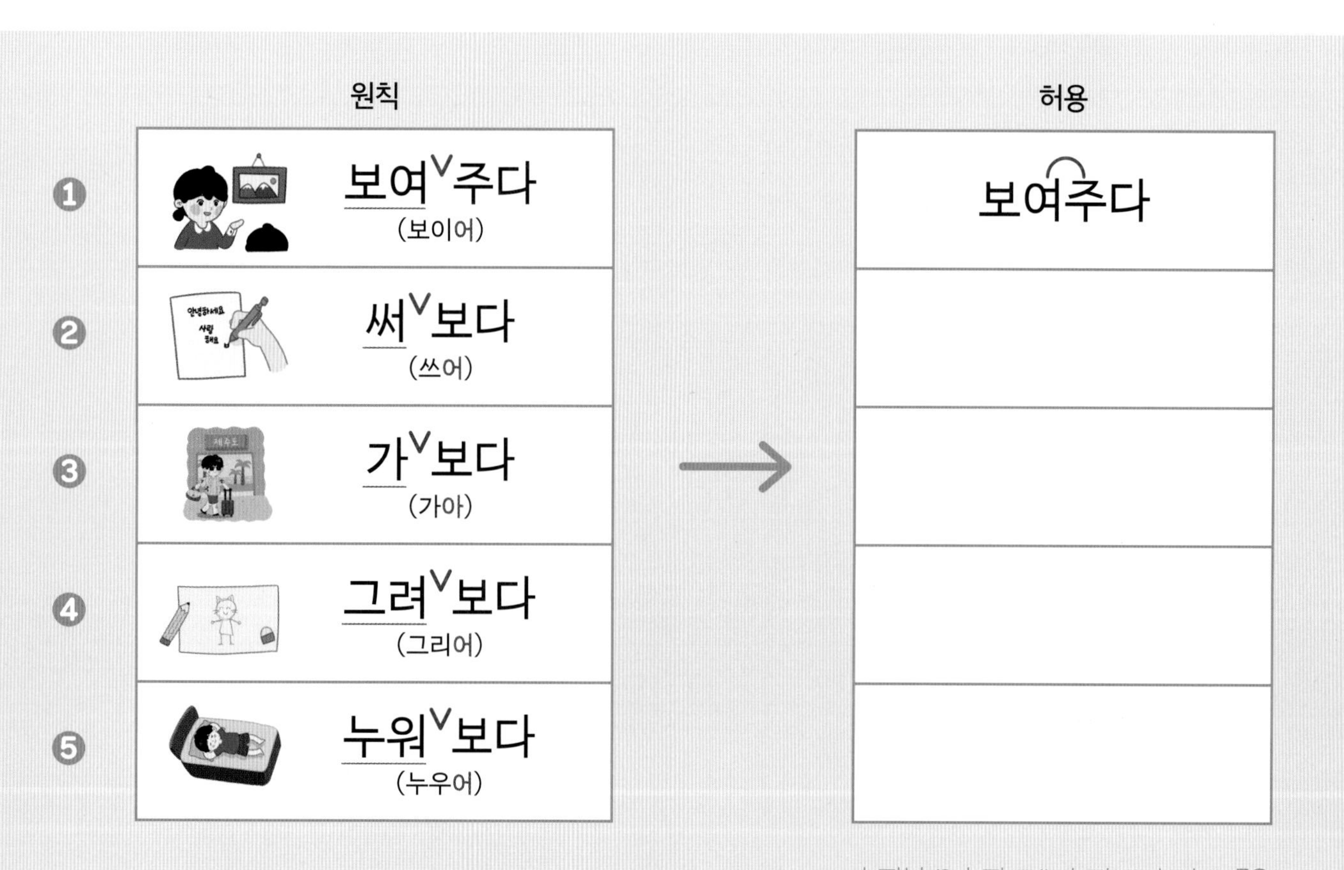

	원칙		허용
❶	보여ˇ주다 (보이어)	→	보여주다
❷	써ˇ보다 (쓰어)		
❸	가ˇ보다 (가아)		
❹	그려ˇ보다 (그리어)		
❺	누워ˇ보다 (누우어)		

정답: 2.써보다 3.가보다 4.그려보다 5.누워보다

6 '아, 어'로 끝나 붙여쓰기가 허용된 곳을 찾아 O 표시를 해 보세요.

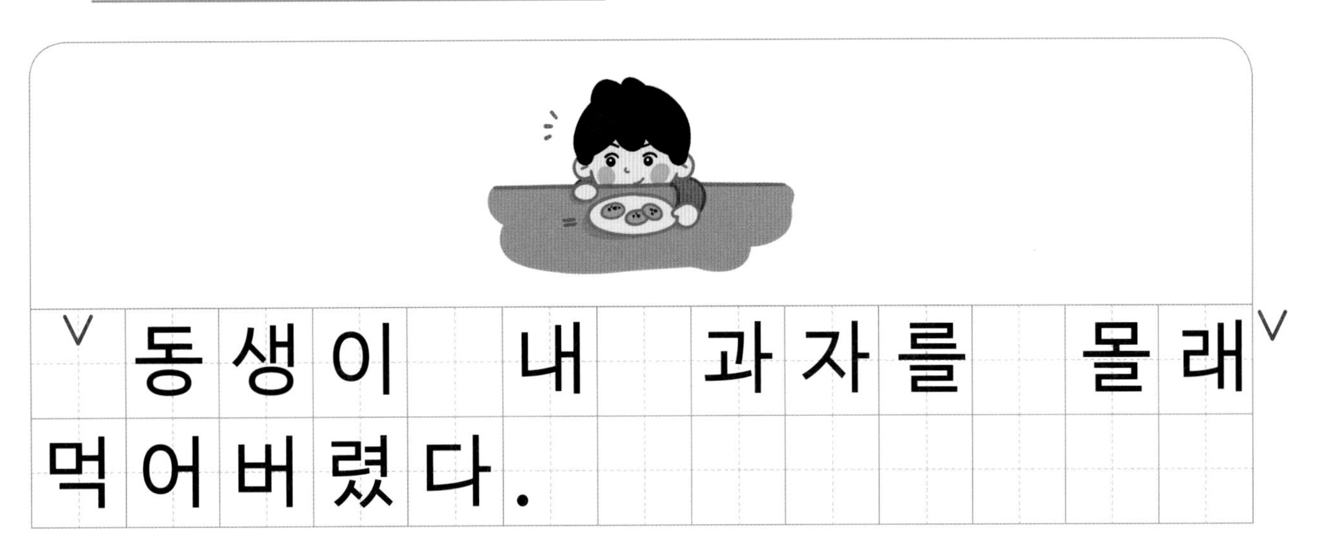

정답: 먹어버렸다

7 붙여쓰기가 허용된 어휘를 보기와 같이 띄어 써 보세요.

1. 안아보았다(허용)
   안아 ∨ 보았다(원칙)
2. 먹어보았다
   먹어 ∨
3. 써보다
4. 그려보았다
5. 읽어주었다
6. 꽂아두다
7. 열어놓았다
8. 보여주었다

점수 (　　)개 / 8개

정답: 2. 먹어∨보았다 3. 써∨보다 4. 그려∨보았다 5. 읽어∨주었다 6. 꽂아∨두다 7. 열어∨놓았다 8. 보여∨주었다

17 조사란 무엇일까요?

* 조사는 단어들이 문장을 만들 수 있도록 돕는 단어입니다.
예 은, 는, 이, 가, 에서, 을, 를, 이다…….

1 조사에 밑줄을 그으며 문장을 읽어 보세요.

❶  나는 학생이다.

❷  동생은 나보다 키가 작다.

❸ 

학교에서 밥을 먹었다.

❹  곰과 함께 책을 읽었어.

❺  놀이터에서 친구와 놀았다.

2 조사가 맞게 쓰인 곳에는 O, 틀리게 쓰인 곳에는 X표 하세요.

고양이가	학교께서	아버지은	밖에서 놀자.
○			

빵를 먹었다.	하늘가 푸르다	동생이 아프다.	친구을 만났다.

정답: OXXO XOXX

3 아래의 단어를 명사와 조사로 나눠 빈칸에 적어 보세요.

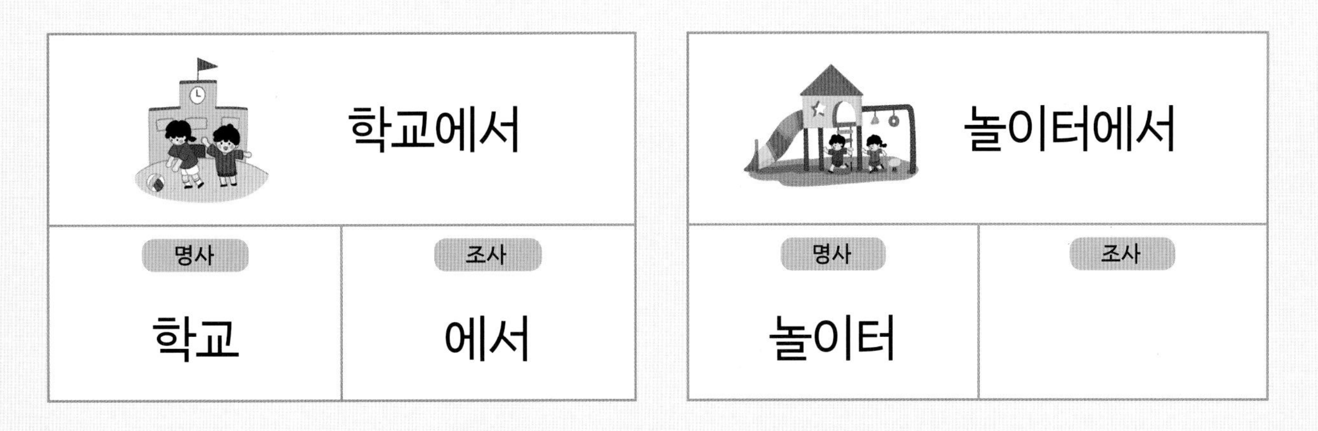

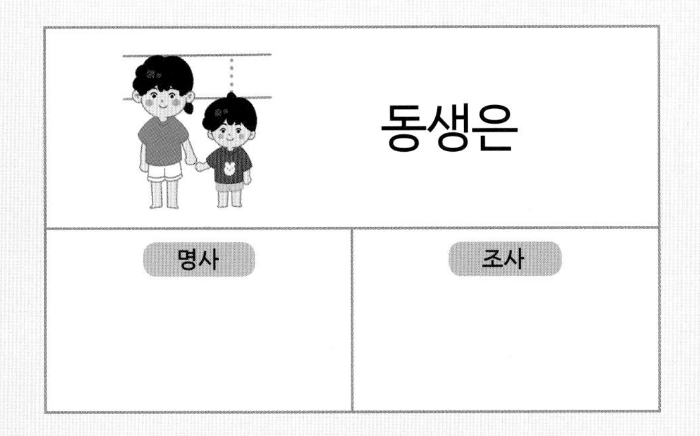

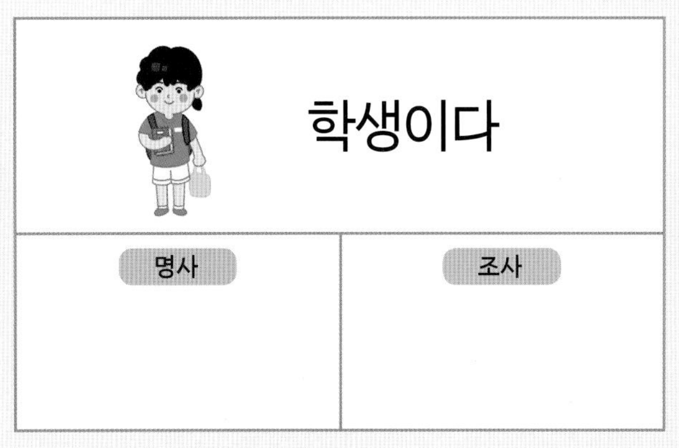

정답: 놀이터 - 에서, 동생 - 은, 학생 - 이다

4 다음 문장의 조사를 알맞은 말로 고쳐 보세요.

정답: 강아지는, 엄마를, 축구를, 선물을

5 조사가 없는 표현에 조사를 넣어 보세요.

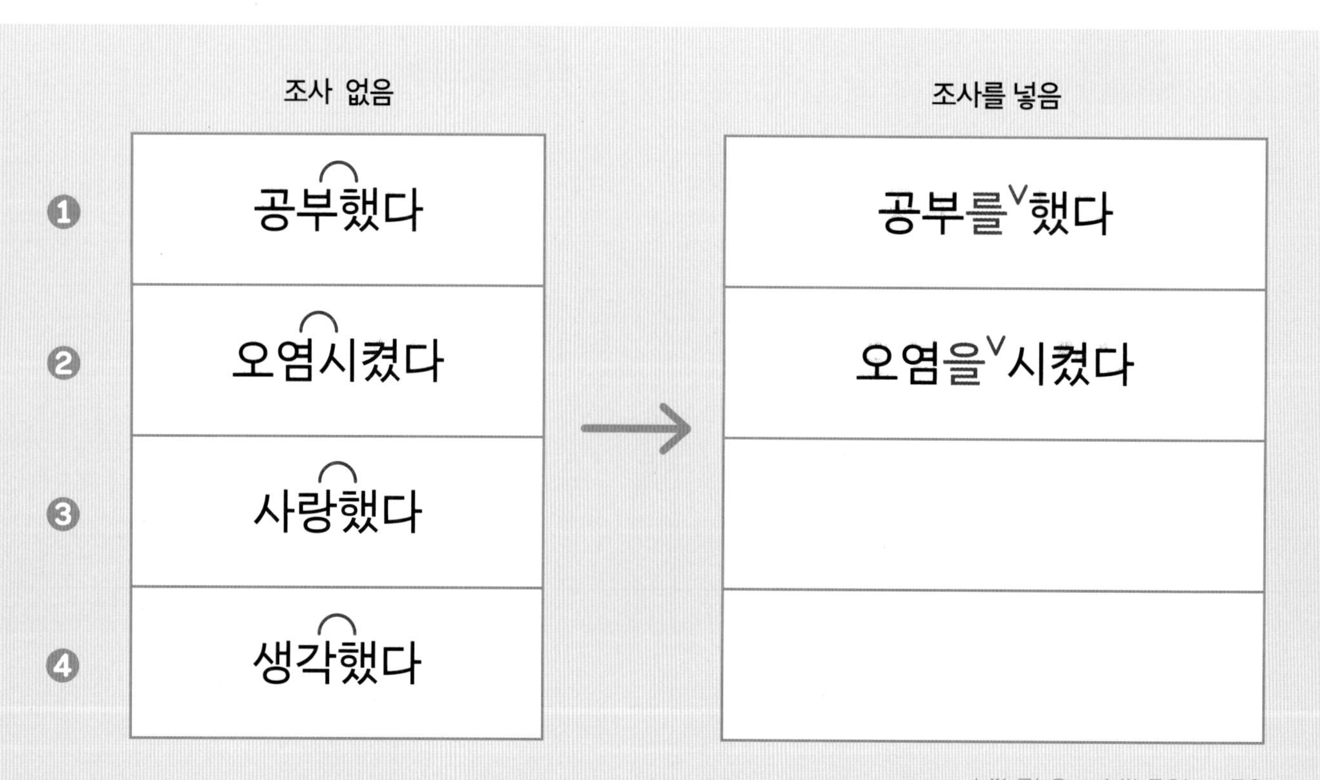

	조사 없음		조사를 넣음
①	공부했다	→	공부를∨했다
②	오염시켰다		오염을∨시켰다
③	사랑했다		
④	생각했다		

정답: 3. 사랑을∨했다 4. 생각을∨했다

6 빈칸에 알맞은 조사를 써 보세요.

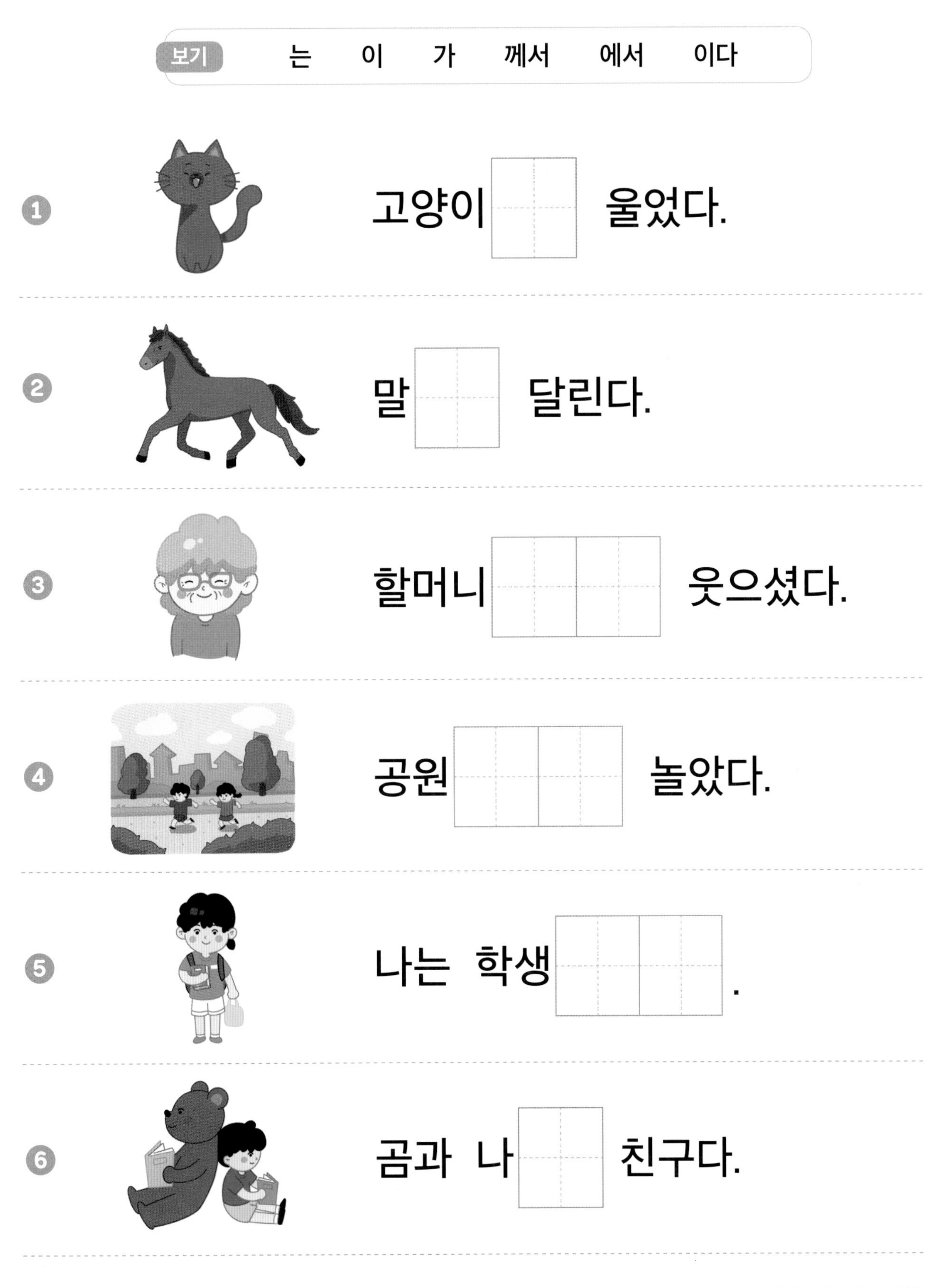

보기 는 이 가 께서 에서 이다

① 고양이 [ ] 울었다.

② 말 [ ] 달린다.

③ 할머니 [ ][ ] 웃으셨다.

④ 공원 [ ][ ] 놀았다.

⑤ 나는 학생 [ ][ ] .

⑥ 곰과 나 [ ] 친구다.

정답: 1. 고양이가 2. 말이 3. 할머니께서 4. 공원에서 5. 학생이다 6. 나는

18 조사는 앞말에 붙여 써요 ❶

* 조사는 단어의 연결을 도와 문장을 만드는 말로, 혼자 쓰이지 못하고 앞말에 붙여 씁니다.
예 대로, 야말로, 더러, 만큼, 치고, 커녕, 이라도, 같이, 뿐…….

1 붙여쓰기 ◠ 표시를 하며 단어들을 읽어 보세요.

~ 말해.

사실대로

~ 그만해.

~ 잘한대.

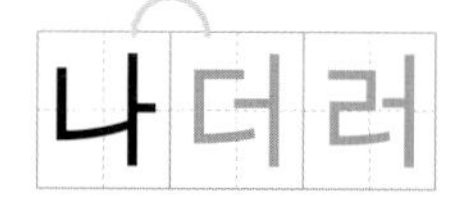

~ 땅만큼

~ 따뜻하다.

~ 혼만 났다.

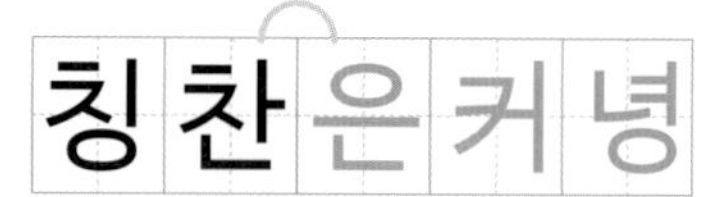

~ 먹자.

라면이라도

~ 아꼈다.

자식같이

오직

너뿐이야

* **대로, 만큼, 뿐**: 명사 뒤에는 붙이고 용언 뒤에는 띄어 씁니다. | * **같이**: '조사'일 때는 붙여 쓰고, '함께'를 의미할 때는 띄어 씁니다.

2 아래 표현에서 조사를 찾아 O 표시를 해 보세요.

너야말로	하늘만큼	칭찬은커녕
나더러	너뿐이야	자식같이
겨울치고	사실대로	라면이라도

3 밑줄 그은 어휘를 띄어쓰기에 맞게 적어 보세요.

하늘 만큼 땅 만큼

하늘 ∨ 땅

칭찬은 커녕 혼만 났다

칭찬 ∨ 혼만 났다.

너 야말로 그만해.

너 ∨ 그만해.

정답: 하늘만큼^땅만큼, 칭찬은커녕, 너야말로

4 다음 문장에서 붙여쓰기를 해야 할 부분에 ⌒ 표시를 해 보세요.

❶ 사실 대로 말하렴.

❷ 라면 이라도 끓여 먹자.

❸ 거인 같이 키가 크다.

❹ 나 더러 잘한대.

정답: 1. 사실대로 2. 라면이라도 3. 거인같이 4. 나더러

5 띄어쓰기가 맞는 표현에 O 표시를 해 보세요.

❶		자식같이 아꼈다.
		자식 같이 아꼈다.

❷		내겐 너 뿐이다.
		내겐 너뿐이다.

정답: 1. 자식같이 2. 너뿐이다

6 다음 문장을 띄어쓰기에 맞게 적어 보세요.

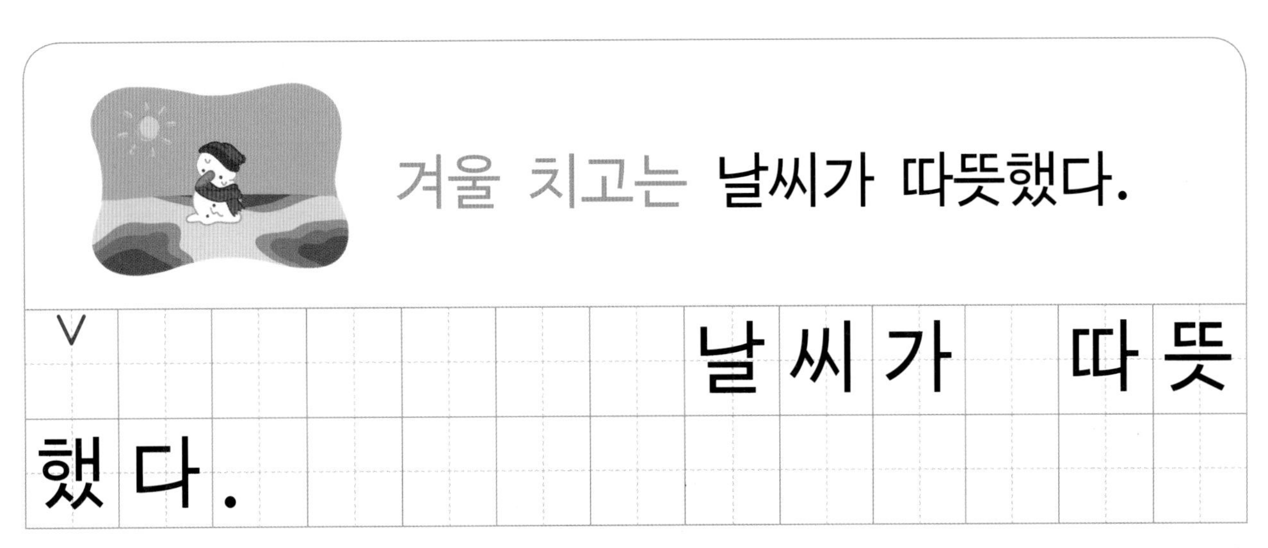

정답: 겨울치고는∨날씨가∨따뜻했다.

7 아래의 표현을 띄어쓰기에 맞게 적어 보세요.

1. 사실 대로
2. 하늘 만큼
3. 물 이라도
4. 너야 말로
5. 너 뿐이다
6. 밥은 커녕
7. 자식 같이
8. 겨울 치고

점수 (　　)개 / 8개

정답: 1. 사실대로 2. 하늘만큼 3. 물이라도 4. 너야말로 5. 너뿐이다 6. 밥은커녕 7. 자식같이 8. 겨울치고

19 조사는 앞말에 붙여 써요 ❷

* 조사는 혼자 쓰이지 못하고 '앞말'에 붙여 씁니다.
예 까지, 따라, 마다, 마저, 보고, 보다, 부터, 조차, 처럼, 하고, 한테, 밖에…….

1 붙여쓰기 ⌒ 표시를 하며 단어들을 읽어 보세요.

~ 줘.

내일까지

~ 잘 안 돼.

오늘따라

~ 달라.

나라마다

~ 왜 그래?

너마저

~ 잘한대.

나보고

~ 빨라.

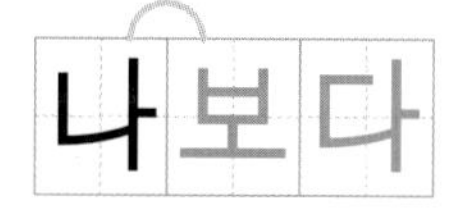

나보다

~ 시작!

지금부터

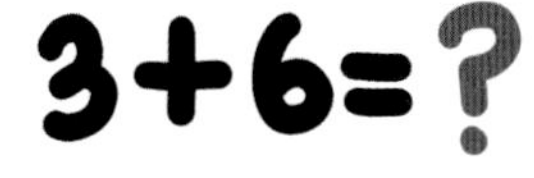

~ 못해.

덧셈조차

~ 희다.

눈처럼

~ 놀자.

나하고

~ 물렸어.

모기한테

~ 없어.

조금밖에

2 아래 표현에서 조사를 찾아 O 표시를 해 보세요.

내일까지 줘	너마저 늦었어
형보다 크다	눈처럼 희다
나라마다 달라	조금밖에 없어

3 밑줄 그은 어휘를 띄어쓰기에 맞게 적어 보세요.

3+6=? 덧셈 조차 못해.

덧	셈			∨	못	해	.				

나 보고 잘한대.

나			∨	잘	한	대	.				

조금 밖에 없어.

조	금			∨	없	어	.				

정답: 덧셈조차, 나보고, 조금밖에

4 다음 문장에서 붙여쓰기를 해야 할 부분에 ⌒ 표시를 해 보세요.

1. 

내일 까지 줘.

2. 
지금 부터 시작이다.

3. 
모기 한테 물렸어.

4. 
나 보다 작다.

정답: 1. 내일까지 2. 지금부터 3. 모기한테 4. 나보다

5 띄어쓰기가 맞는 표현에 O 표시를 해 보세요.

1		나하고 같이 놀자.
		나 하고 같이 놀자.
2		오늘 따라 잘 안 돼.
		오늘따라 잘 안 돼.

정답: 1. 나하고 2. 오늘따라

6 다음 문장을 띄어쓰기에 맞게 적어 보세요.

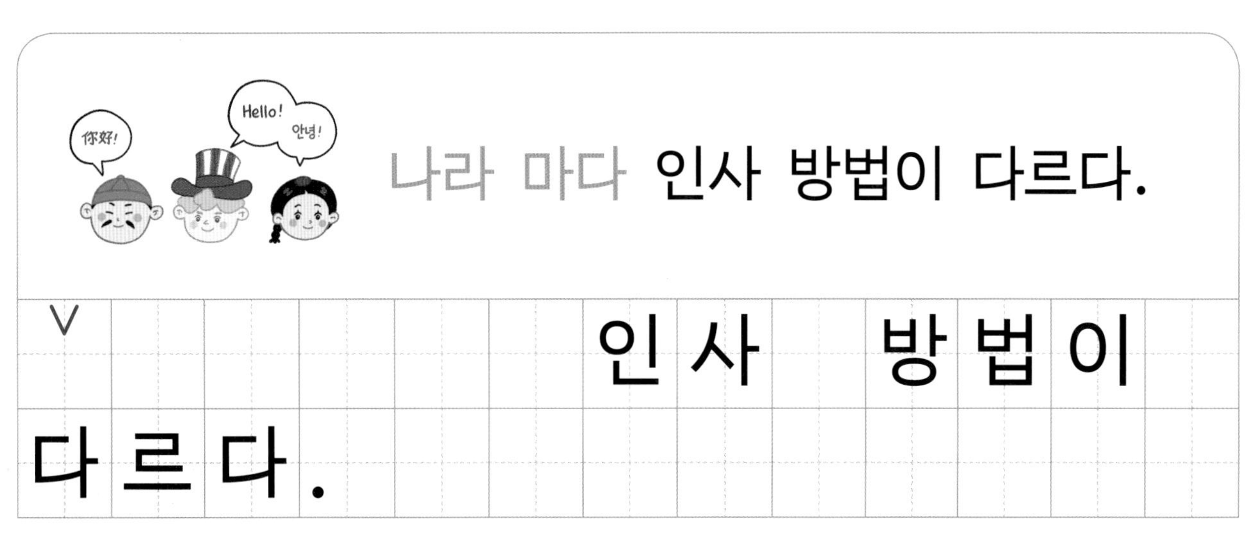

정답: 나라마다∨인사∨방법이∨다르다.

7 아래의 표현을 띄어쓰기에 맞게 적어 보세요.

1. 오늘 따라

2. 나 보다 크다

   크다

3. 나 부터 할게

   할게

4. 눈 처럼 희다

   희다

5. 조금 밖에 없어

   없어

6. 나 하고 놀자

   놀자

7. 모기 한테 물렸어

   물렸어

8. 덧셈 조차 못해

   못해

점수 (　　)개 / 8개

정답: 1. 오늘따라 2. 나보다 3. 나부터 4. 눈처럼 5. 조금밖에 6. 나하고 7. 모기한테 8. 덧셈조차

20 조사는 여러 개라도 붙여 써요

* 조사는 여러 개를 연달아 쓸 수 있으며, 여러 개라도 서로 붙여 씁니다.
예 집에서부터, 지금부터라도, 도서관에서의…….

1 붙여쓰기 ⌒ 표시를 하며 단어들을 읽어 보세요.

집에서부터 걸어왔어.

집	에	서	부	터

돕기는커녕 방해만 했어.

돕	기	는	커	녕

도서관에서의 예절

도	서	관	에	서	의

지금부터라도 열심히 노력해 보자.

지	금	부	터	라	도

얼마만큼이든지 먹어도 돼.

얼	마	만	큼	이	든	지

동생한테처럼 저도 선물 주세요.

동	생	한	테	처	럼

2 아래 표현에서 조사들을 찾아 따로따로 O 표시를 해 보세요.

동생(한테)(처럼)	도서관에서의	얼마만큼이든지
집에서부터	엄마한테처럼	누구에게든지
지금부터라도	돕기는커녕	학교에서라도

3 밑줄 그은 어휘를 띄어쓰기에 맞게 적어 보세요.

동생 한테 처럼 저도 선물 주세요.

동 생 ˅ 저도 선물 주세요.

도서관 에서 의 예절

도 서 관 ˅ 예 절

얼마 만큼 이든지 먹어도 돼.

얼 마 ˅ 먹어도 돼.

정답: 동생한테처럼, 도서관에서의, 얼마만큼이든지

4 다음 문장에서 붙여쓰기를 해야 할 부분에 ⌒ 표시를 해 보세요.

❶ 

누구⌒에게⌒든지 기회가 있어.

❷ 

지금 부터 라도 열심히 해보자.

❸ 

집 에서 부터 걸어왔어.

❹ 

돕기 는 커녕 방해만 했어.

정답: 1. 누구에게든지 2. 지금부터라도 3. 집에서부터 4. 돕기는커녕

5 띄어쓰기가 맞는 표현에 O 표시를 해 보세요.

❶		지금 부터는 내가 할게.
		지금부터는 내가 할게.

❷ 		나한테만 줬어.
		나한테 만 줬어.

정답: 1. 지금부터는 2. 나한테만

6 다음 문장을 띄어쓰기에 맞게 적어 보세요.

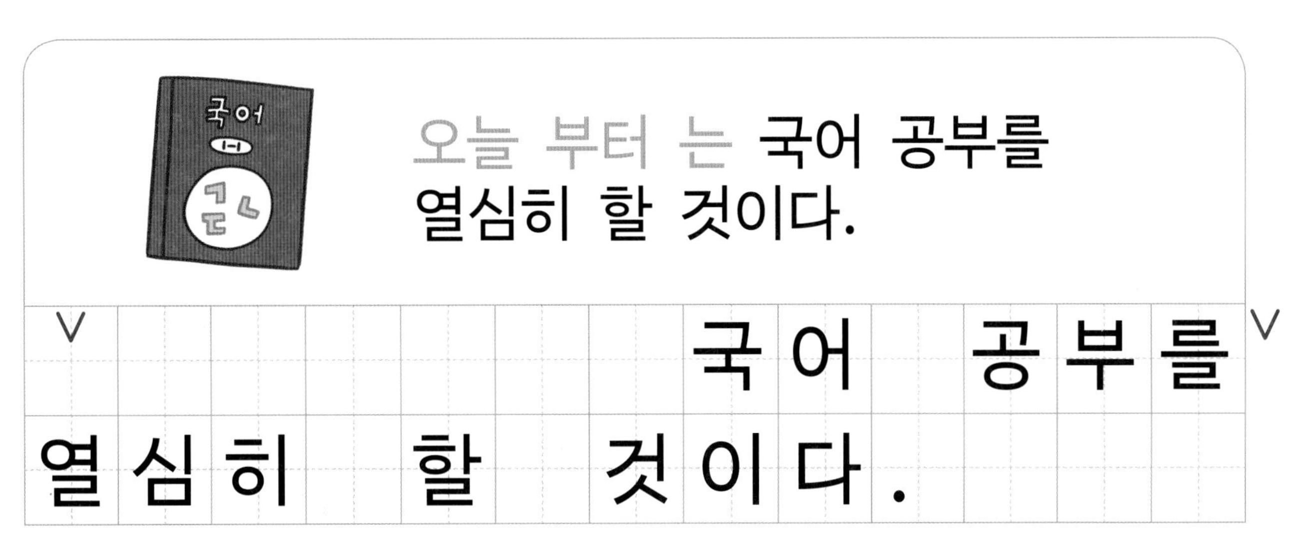

정답: 오늘부터는^국어^공부를^열심히^할^것이다.

7 아래의 표현을 띄어쓰기에 맞게 적어 보세요.

❶ 나 한테 만

❷ 지금 부터 라도

❸ 얼마 만큼 이든지

❹ 돕기 는 커녕

❺ 누구 에게 든지

❻ 도서관 에서 의

❼ 동생 한테 처럼

❽ 집 에서 부터

점수 (　　)개 / 8개

정답: 1. 나한테만 2. 지금부터라도 3. 얼마만큼이든지 4. 돕기는커녕 5. 누구에게든지 6. 도서관에서의 7. 동생한테처럼 8. 집에서부터

21 조사 '이다'는 붙여 써요

* '이다'는 '조사'라서 앞말에 붙여 써요.
* '이다'는 '이었다, 였다, 일, 이어서' 등으로 모양이 바뀌어요.

1 띄어쓰기 V, 붙여쓰기 ⌒ 표시를 하며 아래의 단어들을 읽어 보세요.

도둑⌒이다

할 V 것⌒입니다

생일⌒이지만

화석⌒이었습니다

유령⌒일 V 리 V 없어

공룡⌒인 V 줄 V 알았어

겨울⌒이라서

형⌒이니까

학생⌒이에요

* '이다'와 '있다'는 전혀 다른 표현입니다. (학생⌒이다-조사 / 학생이 V 있다-형용사)

2 아래 어휘 중 조사 '이다'의 바뀐 모양을 찾아 O 표시를 해 보세요.

도둑이다	겨울이라서	형이니까
유령일 리	생일이지만	화석이었습니다
공룡인 줄	할 것입니다	학생이에요

3 밑줄 그은 어휘를 띄어쓰기에 맞게 적어 보세요.

공룡 화석 이었습니다.

공	룡									.		

저는 학생 이에요.

저	는							.				

유령 일 리 없어.

				리		없	어	.				

정답: 공룡∨화석이었습니다, 저는∨학생이에요, 유령일∨리∨없어

4 다음 문장에서 붙여쓰기를 해야 할 부분에 ⌒ 표시를 해 보세요.

❶ 도전할 것 입니다.

❷ 앗! 도둑 이다.

❸ 생일 이지만 혼자 있었다.

❹ 겨울 이라서 눈이 내렸다.

정답: 1. 것입니다 2. 도둑이다 3. 생일이지만 4. 겨울이라서

5 띄어쓰기가 맞는 표현에 O 표시를 해 보세요.

❶		진짜 반지 예요?
		진짜 반지예요?
❷		내가 형이니까 업어 줄게.
		내가 형 이니까 업어 줄게.

정답: 1. 반지예요? 2. 형이니까

* 예요: '이에요'의 줄임말로, '이다'와 같은 말입니다. 예 언니예요, 저예요, 지우개예요 / 주의: 아니에요(O), 아니예요(X)

6 다음 문장을 띄어쓰기에 맞게 적어 보세요.

공룡 인 줄 알았는데
도마뱀 이었습니다.

∨					줄		알	았	는	데		도
마	뱀						.					

정답: 공룡인∨줄∨알았는데∨도마뱀이었습니다.

7 아래의 표현을 띄어쓰기에 맞게 적어 보세요.

1. 할 것 입니다
2. 공룡 인 줄 — 줄
3. 유령 일 리 — 리
4. 학생 이에요
5. 겨울 이라서
6. 형 이니까
7. 도둑 이다
8. 생일 이지만

점수 (　　)개 / 8개

정답: 1. 할 것입니다 2. 공룡인 줄 3. 유령일 리 4. 학생이에요 5. 겨울이라서 6. 형이니까 7. 도둑이다 8. 생일이지만

22 한 글자 단어 붙여쓰기

* 한 글자로 된 단어가 세 개 이상 나올 때는 의미 단위로 두 개씩 붙여 쓸 수 있습니다.
* 해당 어휘의 의미가 분명해지도록 붙여 씁니다.

1 띄어쓰기 V, 붙여쓰기 ⌒ 표시를 하며 아래의 단어들을 읽어 보세요.

원칙	허용
물 한 잔	물 한잔

원칙	허용
집 한 채	집 한채

원칙	허용
푹 잘 자	푹 잘자

원칙	허용
한 잎 두 잎	한잎 두잎

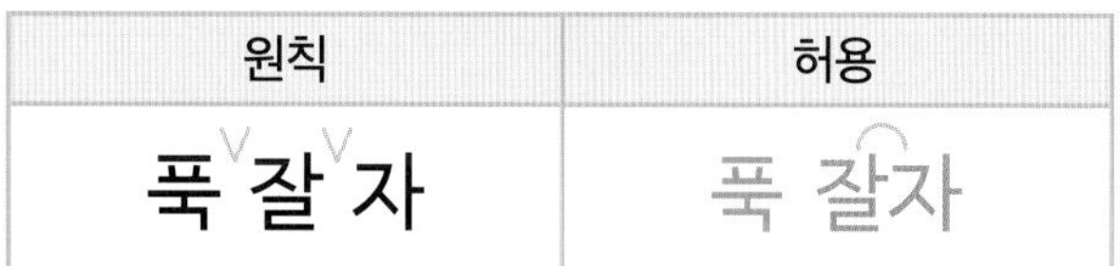

원칙	허용
이 집 저 집	이집 저집

원칙	허용
내 것 네 것	내것 네것

원칙	허용
좀 더 큰 것	좀더 큰것

원칙	허용
한 명 한 명	한명 한명

2 한 글자 단어를 자연스럽게 붙여 쓴 곳에 O 표 하세요.

❶ 

물한 잔

물 한잔

❷ 

푹잘 자

푹 잘자

❸ 

한 잎두 잎

한잎 두잎

❹ 

이집 저집

이 집저 집

3 밑줄 그은 어휘를 띄어쓰기에 맞게 붙여서 적어 보세요.

한 명 한 명 확인했어.

						확	인	했	어	.	

집 한 채가 있었다.

				가		있	었	다	.		

내 것 네 것 모두 예뻐

						모	두		예	뻐	.

정답: 한명∨한명, 집∨한채, 내것∨네것

4 다음 문장에서 붙여쓰기가 허용된 부분에 ◠ 표시를 해 보세요.

① 푹 잘 자.

② 좀 더 큰 것 주세요.

③  물 한 잔 주세요.

④  이 집 저 집 모두 예쁘다.

정답: 1. 푹˅잘자 2. 좀더˅큰것 3. 물˅한잔 4. 이집˅저집

5 띄어쓰기가 맞는 표현에 O 표시를 해 보세요.

①		내것 네것 둘 다 예쁘다.
		내 것네 것 둘 다 예쁘다.
②		한잎 두잎
		한 잎두 잎

정답: 1. 내것˅네것 2. 한잎˅두잎

6 다음 문장을 뜻이 어울리게 붙여 써 보세요.

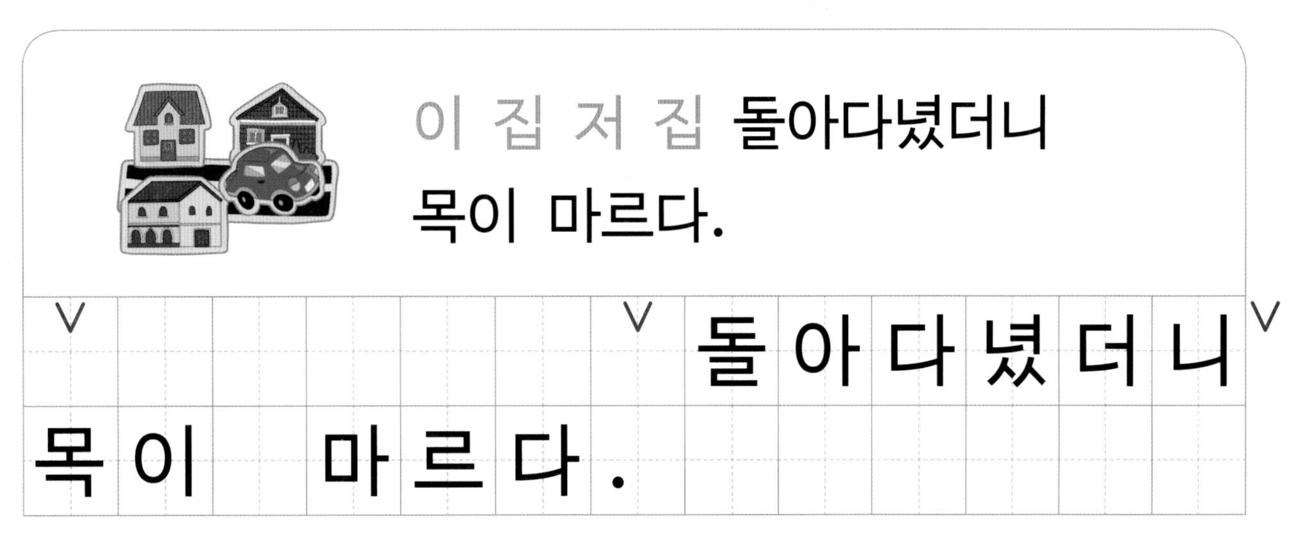

정답: 이집∨저집∨돌아다녔더니∨목이∨마르다.

7 아래의 표현을 띄어쓰기에 맞게 적어 보세요.

1. 물 한 잔
2. 좀 더 큰 것
3. 푹 잘 자
4. 이 집 저 집
5. 집 한 채
6. 내 것 네 것
7. 좀 더 큰 집
8. 한 잎 두 잎

점수 (   )개 / 8개

정답: 1. 물∨한잔 2. 좀더∨큰것 3. 푹∨잘자 4. 이집∨저집 5. 집∨한채 6. 내것∨네것 7. 좀더∨큰집 8. 한잎∨두잎

23 접사는 붙여 써요

* '쯤, 짜리, 째, 껏……'처럼 다른 단어에 붙어 뜻을 더하거나 바꾸는 말을 접사라고 합니다.
  예 뿌리 - 뿌리째, 흙 - 흙투성이

1 띄어쓰기 V, 붙여쓰기 ⌒ 표시를 하며 아래의 단어들을 따라 읽어 보세요.

한 V 개⌒씩

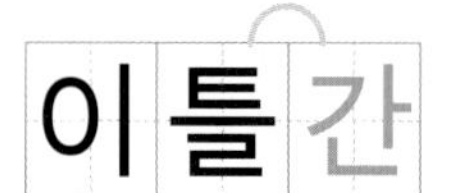

~만나자

~놀자

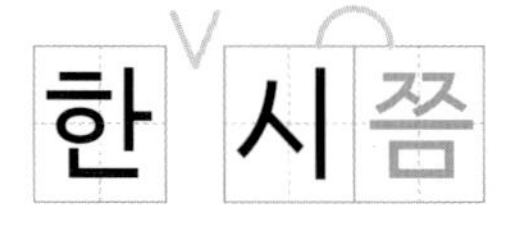

흙⌒투성이

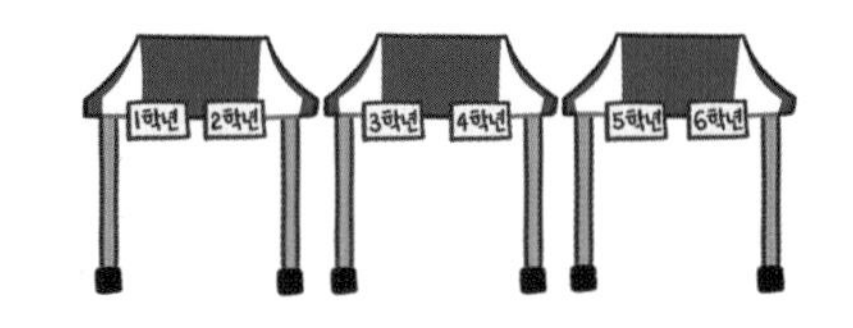

첫⌒째

* 접사: 특정 단어에 붙어 뜻을 더하거나 의미를 바꿈. 예 흙투성이(O), 실수투성이(O) 나무투성이(X), 엄마투성이(X)
* 조사: 문장 속에서 대부분의 단어에 붙여 쓸 수 있음. 예 흙까지(O), 실수까지(O), 나무까지(O), 엄마까지(O)

2 다음 단어의 접사에 O 표시를 해 보세요.

한 명씩	우리끼리	백 원짜리
첫째	두 시쯤	학년별
이틀간	마음껏	흙투성이

3 어울리는 단어와 설명끼리 선으로 연결해 보세요.

정답: 1. 흙이 잔뜩 묻은 2. 한 시 정도에 3. 순서가 가장 먼저인 4. 마음에 흡족하도록

4 다음 문장에서 붙여쓰기를 해야 할 부분에 ⌒ 표시를 해 보세요.

❶ 우리 끼리 놀자

❷ 학년 별로 줄을 서세요.

❸ 천 원 짜리 지폐를 꺼냈다.

❹ 첫 째 아이가 벌써 2학년이다.

정답: 1. 우리끼리 2. 학년별로 3. 천˅원짜리 4. 첫째˅아이가

5 띄어쓰기가 맞는 표현에 O 표시를 해 보세요.

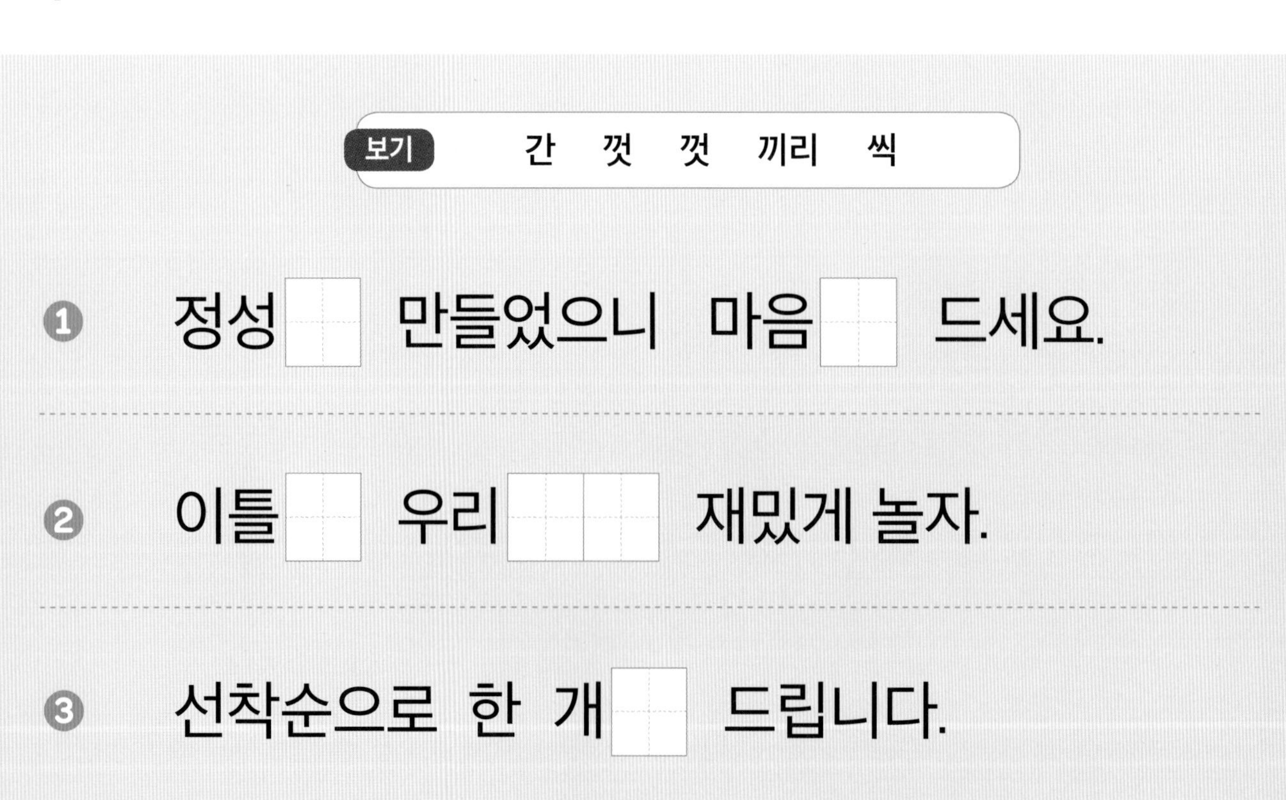

보기 간 껏 껏 끼리 씩

❶ 정성☐ 만들었으니 마음☐ 드세요.

❷ 이틀☐ 우리☐☐ 재밌게 놀자.

❸ 선착순으로 한 개☐ 드립니다.

정답: 1. 정성껏, 마음껏 2. 이틀간, 우리끼리 3. 한˅개씩

6 다음 문장을 띄어쓰기에 맞게 적어 보세요.

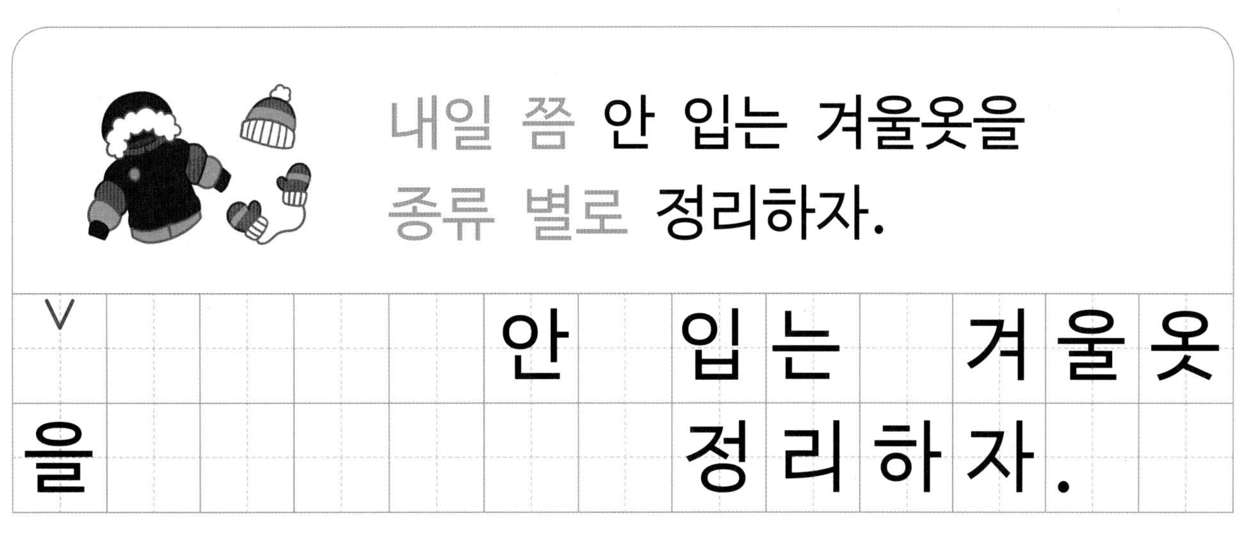

정답: 내일쯤∨안∨입는∨겨울옷을∨종류별로∨정리하자.

7 아래의 표현을 띄어쓰기에 맞게 적어 보세요.

1. 이틀 간
2. 우리 끼리
3. 한 시 쯤
4. 두 명 씩
5. 흙 투성이
6. 학년 별로
7. 마음 껏
8. 천 원 짜리

점수 (　　)개 / 8개

정답: 1. 이틀간 2. 우리끼리 3. 한∨시쯤 4. 두∨명씩 5. 흙투성이 6. 학년별로 7. 마음껏 8. 천∨원짜리

24 명사와 용언의 붙여쓰기

* '사랑하다, 감사하다'처럼 명사에 '하다, 나다, 되다' 같은 용언을 붙여 쓸 수 있습니다.
* '용언'은 모양이 바뀌는 단어를 뜻합니다.(하다, 하고, 하는데, 하니……)

1 붙여쓰기 ⌒ 표시를 하며 아래의 단어들을 따라 읽어 보세요.

사랑하다

생각나다

당첨되다

손대다

농사짓다

도둑맞다

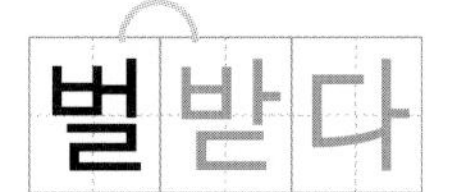
벌받다

맛보다

힘쓰다

2 다음 단어를 명사와 용언으로 구분하여 동그라미 표시를 해보세요.

도둑맞다	농사짓다	손대다
벌받다	사랑하다	힘쓰다
생각나다	맛보다	당첨되다

3 아래의 표현을 보기와 같이 붙여 써 보세요.

	띄어쓰기		붙여쓰기
❶	공부를∨하다	→	공부하다
❷	오염을∨시키다		오염시키다
❸	힘을∨쓰다		
❹	맛을∨보다		
❺	벌을∨받다		

정답: 3. 힘쓰다 4. 맛보다 5. 벌받다

4 다음 문장에서 붙여쓰기를 해야 할 부분에 ⌒ 표시를 해 보세요.

❶ 엄마를 사랑 하다.

❷ 복권에 당첨 되었다.

❸ 열심히 농사 지었다.

❹ 그 친구가 생각 났다.

정답: 1. 사랑하다 2. 당첨되었다 3. 농사지었다 4. 생각났다

5 띄어쓰기가 맞는 표현에 O 표시를 해 보세요.

❶		음식을 맛보았다.
		음식을 맛 보았다.
❷		손 대지 마세요.
		손대지 마세요.

정답: 1. 맛보았다 2. 손대지

6 다음 문장을 띄어쓰기에 맞게 적어 보세요.

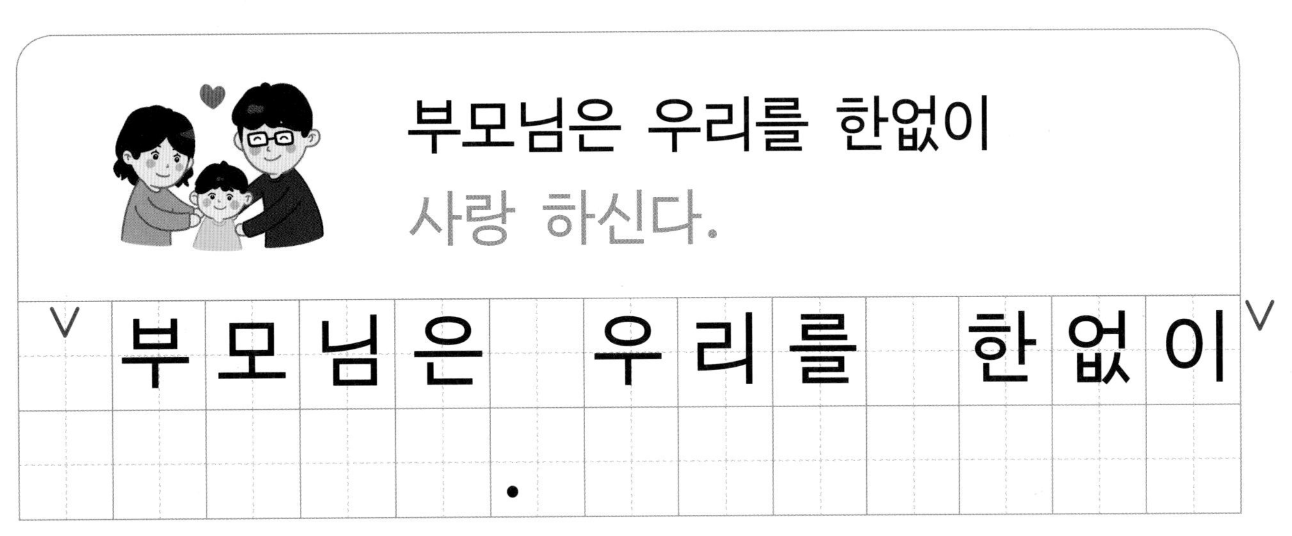

정답: 부모님은^우리를^한없이^사랑하신다.

7 아래의 표현을 띄어쓰기에 맞게 적어 보세요.

1. 사랑 하다
2. 생각 나다
3. 당첨 되다
4. 도둑 맞다
5. 농사 짓다
6. 손 대다
7. 맛 보다
8. 힘 쓰다

점수 (　　)개 / 8개

정답: 1. 사랑하다 2. 생각나다 3. 당첨되다 4. 도둑맞다 5. 농사짓다 6. 손대다 7. 맛보다 8. 힘쓰다

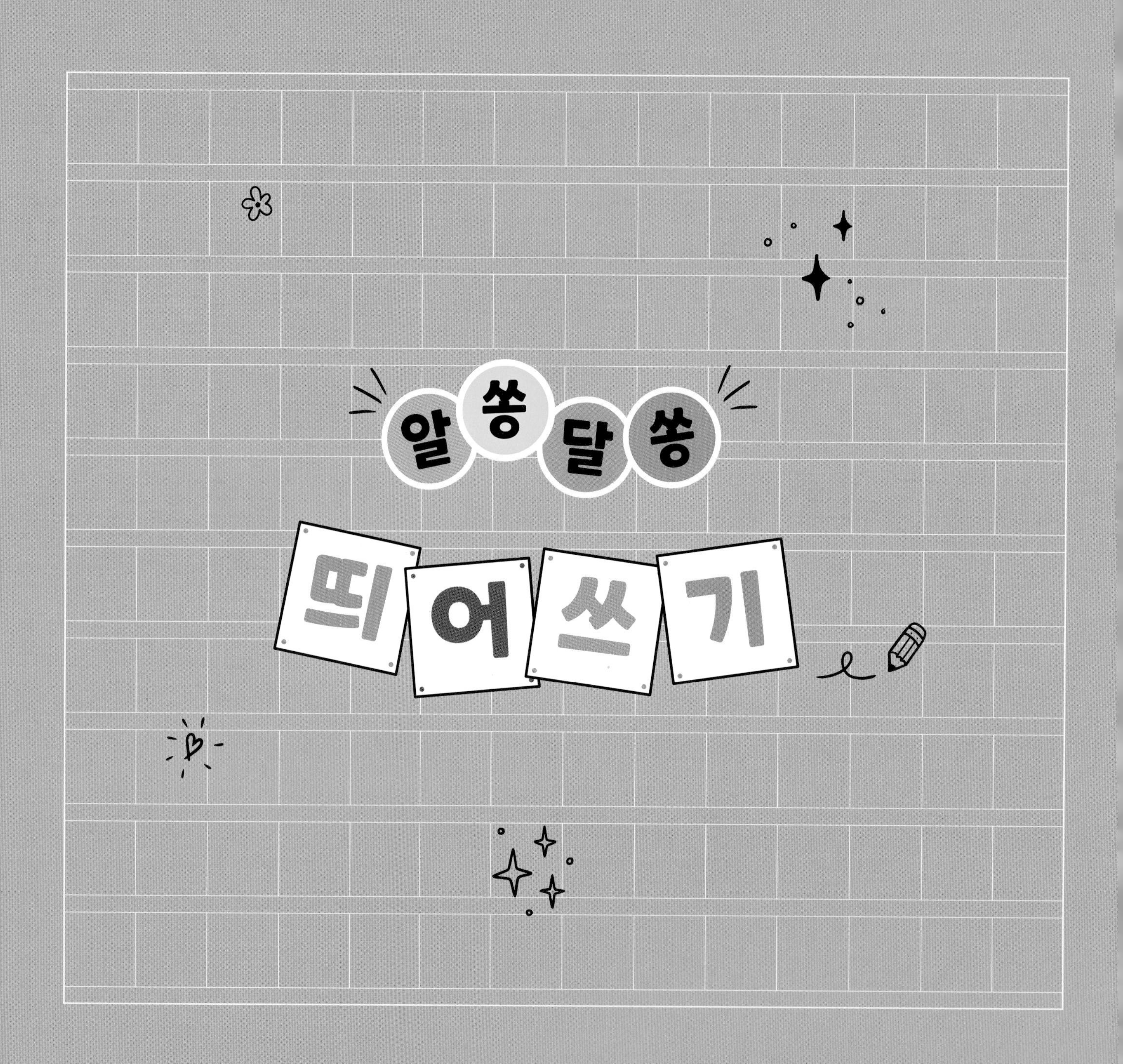
알쏭달쏭
띄어쓰기

부록

모양은 같지만 띄어쓰기가 다른 단어

아래 문장의 조사 부분을 따라 써 보세요.

	붙여 씀 (조사)	띄어 씀 (의존 명사, 용언, 꾸미는 말)	
❶ 만	강조	횟수, 기간	이유가 있는
	햄만 먹네.	1년∨만에	먹을∨만하다.
❷ 보다	비교(한층 더)	눈으로 보다	시험 삼아 하다
	나보다 빨라.	자세히 보다.	높이 뛰어 보다.
❸ 같이	처럼	함께	꾸미는 말
	자식같이 아꼈다.	책을 같이 읽었다.	보물 상자 같은 것
❹ 따라	특별한 이유 없이	따르다	붓다, 따르다
	오늘따라 잘 안 돼.	나를 따라 오세요.	물을 따라 주다.
❺ 대로	명사대로	용언∨대로	즉시
	사실대로 말해.	아는 대로 말해 줄래?	마치는 대로

* **대로**: 앞의 말과 같이 * **보다**: 보다 더 높이 - 지금보다 더 높이

	붙여 씀	띄어 씀	
⑥ 만큼	명사만큼 하늘만큼 땅만큼	용언ᵛ만큼 먹을 만큼 가져와.	
⑦ 밖	그것 말고는 조금밖에 없어.	바깥 교실 밖	
⑧ 걸	후회 (문장 끝에 쓰임) 사과할걸.	것을 (문장 가운데 쓰임) 맛있는 걸 줄게.	
⑨ 데	용언의 뒷말 좋은데!	곳, 장소 좋은 데 가자.	
⑩ 지	용언의 뒷말 큰지 작은지	시간의 지남 시작한 지 10분~	
⑪ 뿐	오직 내겐 너뿐이다.	어찌했다 잠만 잘 뿐이다.	더 큰 무엇이 있음 잠만 잘 뿐만 아니라 (잠만 잘뿐더러 ~)

* 잠을 잘뿐더러 코도 골았다. = 잠을 잘 뿐만 아니라 코도 골았다.

부록 02 헷갈리는 띄어쓰기 어휘 모음

	주제	어휘
1장	명사란?	김민준, 엄마, 아빠, 강아지, 놀이터, 공, 인형, 집, 여름, 구름, 축구
2장	명사 띄어쓰기	우리 가족, 가을 하늘, 아기 사자, 공원 놀이터, 코끼리 귀, 가게 주인, 여름 이불, 해바라기 꽃, 곰 인형
3장	한 글자 명사	집 앞, 집 뒤, 교실 밖, 식사 전, 식사 후, 책상 위, 가방 속, 추운 날, 더울 때
4장	단위와 호칭	한 개, 한 명, 한 권, 한 살, 한 번, 일 층(일층), 학교 선생님, 한 마리, 한 송이
5장	의존 명사 ①	먹을 것 있어?, 내 거야, 남은 걸, 할 줄 아니, 탈 수 있니, 본 적 있어, 공부 중이야, 그럴 리 없어, 잠만 잘 뿐이다
6장	의존 명사 ②	시작한 지, 아픈 데 먹는 약, 먹을 뻔하다, 잘난 체하다, 아픈 척하다, 먹을 만하다, 안 될 텐데, 비 때문에, 먹을 만큼
7장	명사를 꾸며 주는 말	새 차, 헌 차, 옛 차, 이 집, 저 집, 그 집, 여러 사람, 어떤 사람, 다른 사람
8장	용언이란? (용처럼 모양이 변하는 단어)	먹다, 먹었다, 먹는다, 먹었니, 먹자마자, 먹을수록, 먹으려고, 먹을걸, 먹을뿐더러, 씻다, 씻었다, 씻는다, 씻었니, 씻자마자, 씻을수록, 씻으려고, 씻을걸, 씻을뿐더러
9장	용언 띄어쓰기	먹고 잤다, 먹고 나갔다, 꺼내 보았다, 나눠 먹었다, 씹어 먹었다, 구워 먹었다, 담가 두었다, 만들어 먹다, 쓰고 버렸다
10장	보조 용언 띄어쓰기 (본래 뜻이 사라진 용언)	먹어 버렸다, 나가 버렸다, 숨어 버렸다, 쓰다듬어 주다, 읽어 주다, 안아 주다, 꺼져 가다, 그려 보다, 만들어 내다
11장	한 글자 용언	글씨를 써 보다, 도전을 해 보다, 무대에 서 보다, 우주에 가 보다, 한국에 와 보다, 짤 것 같아, 기타 칠 줄 아니, 수영을 할 수 있니, 여행 갈 수 있어
12장	있다, 없다, 싶다	먹고 있다, 남아 있다, 할 수 있어, 관심 없다, 날 수 없다, 겁 없는, 먹고 싶다, 놀고 싶다, 쉬고 싶다

	주제	어휘
13장	'잘, 안, 못' 띄어쓰기	잘 먹는다, 여드름이 잘 생긴다, 얼굴이 잘생겼다, 요리를 잘 못하다, 잘못하다, 공부를 잘한다, 집중이 안 됐다, 너무 안됐다, 반장이 못 됐다, 성격이 못됐다, 숙제를 못 하다, 공부를 못하다.
14장	합성어 붙여쓰기 ① (일상생활에서 자주 쓰는 단어는 붙여 써요.)	코끼리 다리, 닭다리, 돌다리, 염소 고기, 소고기, 돼지고기, 학교 밖, 문밖, 창밖
15장	합성어 붙여쓰기 ② (자주 쓰는 용언도 붙여 써요.)	찾아내다, 달려들다, 뛰어다니다, 걸어가다, 찾아오셨다, 갖다주다, 힘들어하다, 힘들어지다, 반가워하다, 조용해지다
16장	'아, 어'로 끝나는 용언	꽂아 두다(꽂아두다), 읽어 주셨다(읽어주셨다), 안아 보다(안아보다), 열어 놓다(열어놓다), 써 보다(써보다), 그려 보다(그려보다)
17장	조사란?	나는 학생이다, 동생은 나보다 키가 작다, 학교에서 밥을 먹었다, 곰과 함께 책을 읽었어, 놀이터에서 친구와 놀았다.
18장	조사 붙여쓰기 ①	사실대로, 너야말로, 나더러, 하늘만큼, 겨울치고, 칭찬은커녕, 라면이라도 자식같이, 너뿐이야
19장	조사 붙여쓰기 ②	내일까지, 오늘따라, 나라마다, 너마저, 나보고, 나보다, 지금부터, 덧셈조차, 눈처럼, 나하고, 모기한테, 조금밖에
20장	조사 여러 개 붙여쓰기	집에서부터, 돕기는커녕, 도서관에서의, 지금부터라도, 얼마만큼이든지, 동생한테처럼
21장	'이다' 조사 붙여쓰기 ('이다'가 바뀐 모양도 모두 붙여 써요.)	도둑이다, 할 것입니다, 생일이지만, 화석이었습니다. 유령일 리 없어, 공룡인 줄 알았어, 겨울이라서, 형이니까, 학생이에요, 반지예요
22장	한 글자 단어 붙여쓰기 (한 글자 단어는 의미 단위로 붙여 쓸 수 있어요.)	물 한 잔(물 한잔), 집 한 채(집 한채), 푹 잘 자(푹 잘자), 한 잎 두 잎(한잎 두잎), 이 집 저 집(이집, 저집), 내 것 네 것(내것 네것), 좀 더 큰 것(좀더 큰것), 한 명 한 명(한명 한명)
23장	접사 붙여쓰기 (단어에 붙어 의미를 바꾸는 말) 예 부모님, 시부모님	한 개씩, 천 원짜리, 이틀간, 한 시쯤, 우리끼리, 흙투성이, 첫째, 마음껏, 학년별
24장	명사와 용언의 붙여쓰기	사랑하다, 생각나다, 당첨되다, 손대다, 농사짓다, 도둑맞다, 벌받다, 맛보다, 힘쓰다

부록

03 단어 분류표

꾸며 줌 (관형사 → 체언)

관형사 (체언을 꾸며 주는 말)	체언 (명사 + 대명사 + 수사)
새	**명사**
헌	집
옛	자동차
이	하늘
그	사람
저	사자
앞	축구
뒤	사랑
옆	**대명사**
	나, 너
	우리, 그
	그녀, 그것
	수사
	일, 이, 삼
	하나, 둘, 셋
	첫째, 둘째.

꾸며 줌 (부사 → 용언)

부사 (용언을 꾸며 주는 말)	용언 (동사 + 형용사)
천천히	**동사**
조금	달리다
많이	먹다
빨리	씻다
아주	자다
매우	뛰다
정말	앉다
잘	**형용사**
못	예쁘다
안	귀엽다
	아름답다
	깨끗하다
	무겁다
	크다

조사 (앞말에 붙여쓰기)
이, 가
은, 는
께서
에서
에게
까지
부터

감탄사
우와
아하
와
아이고
저런

- **관형사**: 왕관(갓)을 씌우는 것처럼 체언을 꾸며 줌.
- **부사**: 용언을 도와 뜻을 강조해 줌.

1권

자음·모음

스티커 붙이기
그림 연결하기
숨은 단어 찾기
미로 통과하기

단계별 학습으로
자연스럽게 한글을 익힌다!

- 파닉스 원리에 맞춘 한글 학습법
- 한글 파닉스 노래, 또또송 1탄
- 스티커 208장 수록

2권

기본 받침·이중 모음·겹받침

스티커 붙이기
숨은 글자 찾기
빈칸 채우기
틀린 글자 고치기
다른 그림 찾기

말과 글로 할 수 있는
모든 놀이를 한 권에!

- 결합 원리에 맞춘 한글 학습법
- 중독성 있는 멜로디와 쉬운 가사, 또또송 2탄
- 스티커 234장 수록

3권

기본 어휘

단어 따라 쓰기
스도쿠 게임
암호 풀기
빙고 게임
다른 그림 찾기

쉴 새 없이 이어지는 재미로
가득한 신개념 한글 교재

- 5-8세 어린이가 반드시 알아야 할 필수 단어 180개
- 아나운서의 정확한 발음으로 듣는 한글 퀴즈송, 또또송 3탄
- 엄마 아빠와 함께 도전! 다른 그림 찾기